Energia nuclear

DIÓGENES GALETTI
CELSO L. LIMA

Energia nuclear

com fissões e com fusões

COLEÇÃO PARADIDÁTICOS
SÉRIE NOVAS TECNOLOGIAS

Direitos de publicação reservados à:
Fundação Editora da UNESP (FEU)
Praça da Sé, 108
01001-900 – São Paulo – SP
Tel.: (0xx11) 3242-7171
Fax: (0xx11) 3242-7172
www.editoraunesp.com.br
www.livrariaunesp.com.br
feu@editora.unesp.br

CIP-Brasil. Catalogação na fonte
Sindicato Nacional dos Editores de Livros, RJ

G154e

Galetti, Diógenes
Energia nuclear: com fissões e com fusões/Diógenes Galetti, Celso L. Lima. – São Paulo: Editora UNESP, 2010. (Paradidádicos. Novas tecnologias)

Contém glossário
ISBN 978-85-7139-849-8

1. Energia nuclear. I. Lima, Celso L. II. Título. III. Série.

08-3033. CDD: 539.7
CDU: 539.1

Editora afiliada:

A COLEÇÃO PARADIDÁTICOS UNESP

A Coleção Paradidáticos foi delineada pela Editora UNESP com o objetivo de tornar acessíveis a um amplo público obras sobre *ciência* e *cultura*, produzidas por destacados pesquisadores do meio acadêmico brasileiro.

Os autores da Coleção aceitaram o desafio de tratar de conceitos e questões de grande complexidade presentes no debate científico e cultural de nosso tempo, valendo-se de abordagens rigorosas dos temas focalizados e, ao mesmo tempo, sempre buscando uma linguagem objetiva e despretensiosa.

Na parte final de cada volume, o leitor tem à sua disposição um *Glossário*, um conjunto de *Sugestões de leitura* e algumas *Questões para reflexão e debate*.

O *Glossário* não ambiciona a exaustividade nem pretende substituir o caminho pessoal que todo leitor arguto e criativo percorre, ao dirigir-se a dicionários, enciclopédias, *sites* da internet e tantas outras fontes, no intuito de expandir os sentidos da leitura que se propõe. O tópico, na realidade, procura explicitar com maior detalhe aqueles conceitos, acepções e dados contextuais valorizados pelos próprios autores de cada obra.

As *Sugestões de leitura* apresentam-se como um complemento das notas bibliográficas disseminadas ao longo do texto, correspondendo a um convite, por parte dos autores, para que o leitor aprofunde cada vez mais seus conhecimentos sobre os temas tratados, segundo uma perspectiva seletiva do que há de mais relevante sobre um dado assunto.

As *Questões para reflexão e debate* pretendem provocar intelectualmente o leitor e auxiliá-lo no processo de avaliação da leitura realizada, na sistematização das informações absorvidas e na ampliação de seus horizontes. Isso, tanto para o contexto de leitura individual quanto para as situações de socialização da leitura, como aquelas realizadas no ambiente escolar.

A Coleção pretende, assim, criar condições propícias para a iniciação dos leitores em temas científicos e culturais significativos e para que tenham acesso irrestrito a conhecimentos socialmente relevantes e pertinentes, capazes de motivar as novas gerações para a pesquisa.

Os autores agradecem a Gigi e Marisa pelo estímulo, paciência e sugestões.

SUMÁRIO

Introdução

Este livro é a combinação de um texto sobre ciência, a parte que trata das regiões mais internas do átomo, com outro sobre a extração da energia lá contida, tudo temperado, por fim, com algumas pitadas da importante discussão acerca do aproveitamento socialmente consequente dessa energia. Ele traz pouco ou nenhum detalhe sobre aspectos técnicos da construção de reatores nucleares ou sobre projetos dos futuros reatores de fissão ou fusão.

Nosso público-alvo é o professor do ensino médio, que queira refrescar seus conhecimentos de física moderna e agregar às suas aulas discussões sobre física nuclear e seus impactos; o aluno do ensino médio desejoso de conhecer um pouco mais sobre esses desenvolvimentos da ciência e da tecnologia, sobre os quais pululam matérias na grande imprensa; e o aluno dos primeiros anos dos cursos universitários das áreas de ciências exatas e de formação de professores, que queira uma rápida e digerível introdução a alguns aspectos da ciência do século XX e um panorama do que esses desenvolvimentos podem vir a agregar à nossa vida neste século XXI. Um engenheiro ou tecnólogo nuclear teria aqui pouco o que aprender sobre aspectos técnicos da sua especialidade, embora, talvez, pudesse tirar proveito ao ser apresentado ao panorama científico que levou ao nascimento de sua especialidade.

Qual o sentido da inserção de um livro que vai apresentar uma tecnologia que, em parte, já tem mais de sessenta anos, em uma série sobre "Novas Tecnologias"? Uma primeira resposta é que a tecnologia do aproveitamento da energia de fissão ainda não está pronta, restando muito a ser feito. Outra faceta é lembrar que a extração da energia devida à fusão nuclear está em fase de pesquisa laboratorial, sendo necessário um longo percurso até que ela possa produzir energia aproveitável. O que falta para completar a resposta reside no fato básico de que é essencial para qualquer outra tecnologia moderna, nova ou não, a garantia do suprimento energético para que ela possa ser implementada e vir a funcionar.

A Física é uma ciência experimental e sua linguagem natural de expressão é a matemática. Não obstante, a apresentação do material será feita com um nível matemático mínimo, o que nos forçou a fazer simplificações, embora tenhamos nos esforçado ao máximo para não mistificar. Caminhamos sobre o fio da navalha, ao adotar uma opção feita por bons textos de divulgação científica: contar somente a verdade, embora não toda. Ao leitor caberá o julgamento final do nosso eventual sucesso nessa tarefa.

Tentamos sempre que possível partir do grande para o pequeno, do macro para o micro, fazendo "zooms" sucessivos em direção ao mundo atômico e subatômico. Paramos, porém, na estrutura do núcleo atômico. A utilização de lentes de ainda maior aumento teria nos conduzido à discussão da estrutura dos próprios constituintes dos núcleos e das forças que agem dentro desses constituintes. Do ponto de vista da tecnologia, paramos também, como já mencionamos, nos princípios gerais, nunca chegando ao detalhamento técnico.

Além de introdução, epílogo e glossário, o livro é constituído por outros cinco capítulos, quatro dos quais encadeados dois a dois. "Olhando para dentro..." e "... e vendo como funciona", "Dividir é bom..." e "... mas juntar também" formam dois pares, que se complementam mutuamente. O remanescente desses cinco capítulos, "Energia: necessidades, riscos e futuro", contém discussões gerais sobre o aproveitamento dos recursos energéticos e a inserção da energia nuclear nesse contexto.

Nenhum artista deveria ter que explicar sua obra. Assim deveria ser também com autores de livros científicos. Entretanto, o "com fissões" e o "com fusões" no título deste livro merecem alguns comentários. A ambiguidade, o jogo de palavras inserido no título tem sua razão de ser. Como ficará claro no decorrer do texto, as fontes da energia nuclear são os processos de quebra e agregação – fissão e fusão – de núcleos atômicos. Por outro lado, há enorme confusão no público em geral sobre os limites dos domínios da física atômica e da física nuclear. Além disso, o próprio entendimento das leis que descrevem o comportamento dos mundos atômico e subatômico demanda tempo e/ou especialização profissional. Um de nossos objetivos foi tentar trazer essa compreensão ao alcance de um público mais amplo.

A física nuclear carrega consigo um pecado de origem. Se, de um lado, ela começou por um genuíno desejo de desvendar os segredos mais íntimos da Natureza, é inegável que um grande impulso para o seu desenvolvimento veio com o interesse de colocar a imensa quantidade de energia armazenada dentro do núcleo atômico a serviço de Marte, o deus grego da guerra – o trocadilho sugerido, mas não praticado, com morte, não é incidental. Isto, porém, não é peculiaridade de uma única área da ciência. Afinal, o grande desenvolvimento da química no século XIX e a busca de novos explosivos estiveram conectados, ou, mais recentemente, o impulso recebido pela ótica deveu-se ao interesse na construção de lasers de potência para utilização no projeto "Guerra nas Estrelas" durante os anos 1980. Assim, embora a confissão não apague o pecado original, talvez a compreensão de que a física nuclear compartilha culpas semelhantes com outros ramos da ciência ajude a entender que é dos seres humanos e da sociedade que formos capazes de construir, que depende a utilização dada aos frutos da atividade científica.

1 Olhando para dentro...

Perspectiva histórica

O conhecimento que se tem hoje sobre a energia nuclear não foi conseguido de um salto. A evolução de nosso entendimento sobre o tema se deu por indagações de caráter muito mais geral. Em breve perspectiva histórica podemos perceber que o desenvolvimento do tema, como de muitos outros, está ligado à curiosidade humana em entender do que é feita a matéria que nos constitui e se todo o Universo é feito do mesmo material que temos aqui na Terra.

De que somos feitos? De que a Terra é feita? De que o Universo é feito? Essas questões têm sido objeto de pensamentos profundos desde a Antiguidade, e as respostas foram sendo obtidas à medida que a Ciência foi avançando. Em particular, a Química deu os primeiros grandes passos na direção da resposta aceita hoje. Os conceitos fundamentais que nortearam a compreensão da estrutura da matéria, do que tudo é feito, têm raízes na concepção dos antigos atomistas gregos Leucipo, Demócrito e Epicuro. Nesta visão, todas as substâncias seriam constituídas de corpos, que não poderiam ser mais decompostos, os *átomos*, do grego, "indivisível". Além dos átomos somente haveria um vazio ocupando todo o espaço, onde os átomos se moveriam.

Foi J. Dalton, no século XIX, que atribuiu aos nomes *elemento* e átomo um caráter bem definido. Assim, um elemento como o hidrogênio deveria consistir em átomos idênticos e indivisíveis. Havia, contudo, nessa época uma confusão entre os conceitos de átomo e *molécula*. As contradições foram eliminadas por S. Cannizzaro que, em 1858, propôs a diferenciação entre molécula e átomo, com a terminologia que vigora desde então. Assim, molécula designa a menor partícula de uma substância, que não se pode mais dividir sem perder suas propriedades químicas específicas. Elas seriam constituídas por átomos de elementos (eventualmente) diferentes, enquanto aos átomos corresponderiam os componentes dos elementos químicos. Por exemplo, a molécula da água é composta de dois átomos de hidrogênio e um de oxigênio. Com essa descrição dos constituintes da Natureza, era necessário somente descobrir a família básica dos elementos químicos para entender como suas diferentes combinações dariam origem a tudo o que era observado.

No entanto, um grande debate ocorria entre os cientistas na época. Teriam os átomos e moléculas existência real, ou seriam eles somente uma construção mental de grande utilidade para se entenderem os processos químicos? A matéria é de fato atômica?

O grande quebra-cabeça envolvendo a sistematização dos elementos químicos conhecidos até então teve sua solução quando Mendeleiev propôs ordenar os elementos químicos pela propriedade básica que Dalton propusera: o peso atômico. Dessa forma, ele classificou os elementos químicos em famílias caracterizadas pelas propriedades que os tornam semelhantes. A identificação daqueles que eram os elementos químicos fundamentais e quais eram suas propriedades levou a uma visão de como são feitas todas as substâncias da Natureza, da mesma forma que todas as palavras são escritas com o conjunto de letras de um alfabeto conhecido.

Embora com muitas posições intermediárias vazias, Mendeleiev colocou no final de sua tabela um elemento já conhecido, o mais pesado de todos os elementos químicos naturais, o urânio, descoberto por M. H. Klaproth em 1789, que assim o chamou em razão do nome do planeta então recém-descoberto.

O urânio já era bem conhecido, pois Klaproth já descrevera diversas de suas propriedades (de fato, ele descobrira o óxido de urânio) e produzira algumas ligas com o novo elemento, que atraíam a atenção devido à sua luminosidade de cores amarela, verde e laranja. Essa propriedade de *fluorescência*[1] despertaria de novo o interesse de cientistas muitos anos depois.

Ao lado dos químicos, os físicos investigavam a matéria tentando responder a outras perguntas. Por exemplo, o que aconteceria se fosse aplicada uma tensão elétrica entre os eletrodos colocados em um tubo de vidro, chamado de ampola de Crookes, de onde se tirara o ar? Os raios X foram descobertos em 1895 por W. C. Roentgen, como um dos resultados desse tipo de estudo. Na ocasião, foi observado que os tais raios partiam da região fluorescente da ampola de Crookes usada. Isso levou H. Poincaré a conjeturar que a fluorescência poderia vir sempre acompanhada de raios X.

Para testar tais ideias, H. Becquerel realizou experiências com sais de urânio que têm a propriedade de fluorescência e verificou, em 1896, que eles de fato emitiam radiação. Mas verificou também que ela não estava associada à fluorescência, uma vez que os compostos de urânio ainda emitiam radiação que impressionava chapas fotográficas embrulhadas em papel negro. Eles a emitiam mesmo quando colocados na total escuridão, logo sem estímulo de nenhum tipo de luz. Ele chamou aquela radiação de *raios urânicos* e verificou que eles apresentavam propriedades interessantes: atravessavam folhas finas de metal e produziam *ionização* de gases.

1 Palavras destacadas em itálico encontram-se no Glossário.

Aumenta a família dos elementos radioativos

Pouco tempo depois, Marie Sklodovska-Curie descobriu que o elemento químico tório também emitia radiação com os mesmos efeitos. A família dos elementos químicos com essas propriedades cresceu logo em seguida quando M. Sklodovska-Curie e seu esposo, P. Curie, em colaboração com G. Bémont, isolaram os novos elementos químicos polônio e rádio, até então não descobertos. Ela deu àquela nova propriedade o nome de *radioatividade*.

Nessa mesma época, a Física apresentou resultados surpreendentes que confirmaram a estrutura atômica da matéria. Em particular, os trabalhos de A. Einstein e J. Perrin sobre o *movimento browniano* foram fundamentais para estabelecer um valor para o *número de Avogadro*, N – proposto em 1811 por A. Avogadro – e sacramentar a teoria atômica. O valor de N aceito hoje é $6{,}0225 \times 10^{23}$ partículas/*molécula-grama*.

Notação

No texto vamos fazer uso da notação científica

$10^0 = 1$

$10^1 = 10$	$10^{-1} = 1/10$
$10^2 = 100$	$10^{-2} = 1/100$
...	...
$10^n = 1\underbrace{0...0}_{n\ \text{zeros}}$	$10^{-n} = 1/1\underbrace{0...0}_{n\ \text{zeros}}$

Nesse turbilhão de comprovações do caráter atômico da matéria, a caracterização da radioatividade não deixava dúvida também quanto à existência de seus constituintes elementares. Graças ao trabalho de vários cientistas, havia se acumulado um conjunto de provas da existência real dos átomos e a radioatividade era mais uma delas. Um famoso opositor do atomismo, o químico F. W. Ostwald, somente abandonou seu ceticismo em 1909, quando afirmou em seu *Química geral*:

> Estou agora convencido de que conseguimos recentemente prova experimental da natureza disjunta ou granulosa (isto é atômica) da matéria, prova em vão procurada pela hipótese atômica durante centenas e milhares de anos...[2]

Uma fonte de muita energia

O campo de pesquisa da radioatividade estava em efervescência, as experiências se sucediam e várias propriedades das substâncias radioativas foram descobertas. Em particular, pôde-se constatar que elas são fonte de calor, de caráter espontâneo, e, portanto, de energia. Os resultados foram obtidos em medidas de laboratório

> em março de 1903 ... P. Curie e [A.] Laborde mediram a quantidade de energia liberada por uma quantidade conhecida de rádio num calorímetro de gelo de Bunsen. Eles verificaram que 1 g de rádio pode aquecer aproximadamente 1,3 g de água do ponto de congelamento ao ponto de ebulição em 1 hora.[3]

Essa energia liberada pela amostra de rádio é realmente muito grande e, acima de tudo, sobrepujava em magnitude tudo o que era conhecido até então sobre as energias associadas às reações químicas. De fato, um grama de rádio

2 Apud WATKEYS, C. W. et al. *Uma orientação na Ciência*. São Paulo: Ed. Edanee, 1946.
3 Apud PAIS, A. *Inward Bound*. Oxford: Oxford University Press, 1986.

libera aproximadamente 80 calorias por hora enquanto um grama de carvão em pedra libera 7.000 calorias quando queima. A energia liberada por um grama de rádio ao longo de um ano, no entanto, dará mais ou menos o equivalente a 100 gramas de carvão, ou seja, 700.000 calorias. Mas o carvão se consome quando queima e o rádio continua emitindo energia por muito mais tempo.

Verificou-se também que, na escala das energias dos processos químicos e físicos até então conhecidos, nenhum procedimento influía na radioatividade. Em particular, no caso do urânio, o fluxo de radiação era proporcional apenas à quantidade do elemento e não dependia se ele era submetido a altas temperaturas ou era colocado em ar líquido. Essas verificações não permitem que se atribua o fenômeno da radioatividade a nenhuma espécie de propriedade química desses elementos e indicam que sua causa deve estar relacionada com o interior do átomo.

Radioatividade alfa, beta e gama

Uma vez que o fenômeno da radioatividade foi comprovado, a pergunta seguinte era: que características tem a radiação emitida por aquelas substâncias? Becquerel respondeu a essa pergunta com uma experiência simples. O procedimento consistia em colocar um pouco de material radioativo no interior de uma cavidade feita em um bloco de chumbo, que bloqueia bastante bem a radiação, para permitir que apenas um estreito feixe da radiação emitida saísse. Na saída do bloco, colocou um imã que produz um campo magnético perpendicular ao feixe que sai do bloco. Se a radiação fosse constituída de cargas elétricas, ela deveria ser desviada naquele campo. Haveria desvio para um lado ou para o outro, caso a radiação fosse constituída de partículas com carga elétrica positiva ou negativa, ou não haveria nenhum desvio caso a radiação fosse do mesmo tipo que os raios X.

Pouco depois, E. Rutherford descobriu que no urânio ocorriam os três tipos de radiação:

a) radiação alfa, α, pouco defletida no campo magnético e com duas cargas elétricas positivas fundamentais, foi mais tarde identificada como átomos do gás hélio sem seus dois elétrons. Embora seja emitida com velocidades enormes, cerca de dois terços da velocidade da luz, ela penetra apenas alguns centímetros no ar;
b) radiação beta, β, muito facilmente desviada no campo magnético e identificada com elétrons, com uma carga negativa fundamental, e massa com cerca de 1/1850 da do átomo de hidrogênio;
c) radiação gama, γ, não desviada pelo campo magnético, com propriedades semelhantes aos raios X (sem carga).

Em uma série de experiências, confirmou-se que as partículas associadas às radiações alfa e a beta eram as mesmas independentemente da substância radioativa que as emitia. Essas propriedades tinham uma implicação significativa e apontavam para uma conclusão motivadora de estudos posteriores, ou seja, os átomos têm existência real e são dotados de estrutura: eles têm tamanho e partes organizadas. E o elétron, que aparecia agora como uma das formas da radioatividade, tinha feito sua entrada em outro cenário anteriormente.

Rutherford: "E elas voltavam!"

J. J. Thomson tinha quebrado a concepção de que o átomo é *a-tomo*, no sentido grego, não-divisível, em 1897 quando estudava os feixes que apareciam nas ampolas de Crookes. Ele descobrira o elétron, o que significa que o átomo, ao contrário do que se pensava então, tem partes constituintes, que o elétron tem massa (embora seja uma parte pequeníssima da massa atômica) e é portador de uma unidade fundamental de carga elétrica. A estrutura atômica responsável pela ampla gama de propriedades dos elementos químicos tem, de fato, sua base na organização desses elétrons nos átomos. Mas essa concepção também nos leva a argumentar que, se o elétron é parte dos átomos, é eletricamente carregado e a matéria globalmente é neutra, então deve também haver cargas positivas nos átomos. Como as cargas se distribuiriam espacialmente dentro dos átomos?

A radioatividade natural, principalmente por causa da sua alta energia, serviu de meio pelo qual a estrutura dos átomos dos elementos químicos pôde ser entendida. A resposta àquela pergunta foi dada por E. Rutherford. H. Geiger e E. Marsden, seus colaboradores, realizaram experiências nas quais faziam incidir um feixe de partículas alfa, provenientes de uma substância radioativa, sobre uma folha muito fina de ouro e detectaram algumas delas desviadas para trás, voltando para o ponto de onde eram emitidas. Rutherford escreveu anos mais tarde: "... era quase tão incrível quanto se você atirasse um projétil de 15 polegadas numa folha de papel e ele voltasse e o atingisse".[4]

Já que as partículas alfa são carregadas positivamente e têm aproximadamente a massa de um átomo do elemento químico hélio, isto era um indicador inequívoco de que as cargas positivas estavam concentradas em uma pequeníssima região central dos átomos. Já se sabia que os átomos têm tamanho da ordem de décimo bilionésimo de metro, 10^{-10} m, e Rutherford descobriu, com essas experiências,

4 Apud PAIS, A., ibidem.

que esse caroço de carga positiva, o *núcleo* do átomo, é cerca de 20.000 vezes menor, de onde se constata que o tamanho do núcleo é muito menor que o do átomo. A mesma relação seria obtida se comparássemos o tamanho da cabeça de um prego com o tamanho do campo do Maracanã.

Assim, a descrição de Rutherford do átomo mostra que se os processos químicos estão relacionados com rearranjos de ligações envolvendo os elétrons, em contrapartida tem-se agora uma nova família de processos relacionados com os núcleos, que envolvem energias muito maiores.

O núcleo entra em cena

A descrição que Rutherford propôs para o átomo distingue duas regiões espaciais, que têm propriedades diferentes. Além dos elétrons, que ficam nas regiões mais externas do átomo, o núcleo, muito pequeno, ocupa a posição central e tem carga elétrica positiva. Mas, de que ele é feito? A primeira partícula constituinte do núcleo foi identificada pelo próprio Rutherford em 1919. São os *prótons*, que têm carga elétrica positiva de igual valor à carga do elétron, mas de sinal trocado, e sua massa é aproximadamente 1.850 vezes maior que a massa do elétron. Assim, àquele número de cargas positivas que compõem os núcleos está associado o número de prótons.

Desta descrição do núcleo percebeu-se que devia haver uma força nova e fortemente atrativa, além das até então conhecidas forças de gravitação e eletromagnética. Essa força mantém o núcleo coeso, já que, sendo os prótons positivamente carregados, ocorre simultaneamente uma repulsão de origem elétrica de grande intensidade. Essa força tem também alcance muito curto, pois ela atua somente na região do núcleo.

Prótons e nêutrons

Havia ainda outro enigma com respeito à massa do núcleo. Na ocasião foram realizadas as primeiras medidas da relação massa/carga dos núcleos em *espectrômetros de massa*. As medidas mostravam que havia um número maior de constituintes contribuindo para a massa do que para a carga do núcleo. Isso não deveria ocorrer se lá existissem somente prótons.

Após tentativas de explicar a diferença à custa de imaginar que também houvesse elétrons no núcleo, finalmente os dados experimentais foram totalmente explicados em 1932. J. Chadwick entendeu tratar-se de uma nova partícula a radiação descoberta em 1930 por W. Bothe e H. Becker. Nessas experiências, eles bombardeavam o elemento berílio com partículas alfa e observavam um novo tipo de radiação. Chadwick chamou *nêutron* essa nova partícula, de massa quase idêntica à do próton, mas sem carga elétrica, sob inspiração das pesquisas anteriores de Rutherford, que já previra sua existência.

Conhecendo seus constituintes, os núcleos podem ser agora caracterizados por seu número de prótons, Z, e de nêutrons, N. De forma geral, tanto os prótons quanto os nêutrons são chamados indistintamente de *núcleons* e o número total de núcleons em um núcleo é chamado de *número de massa*, A. Isso significa que o número de massa é igual à soma do número de nêutrons e de prótons

$$A = Z + N.$$

Com esses números podemos representar qualquer núcleo, usando o símbolo do elemento químico correspondente, o número de prótons e o número de massa:

$$^{\text{Número de massa}}_{\text{Número de prótons}}\textit{Elemento} \rightarrow {}^{A}_{Z}X.$$

Por exemplo, os núcleos de hidrogênio-2 (conhecido como dêuteron), oxigênio-16 e urânio-238 são representados respectivamente por:

$$ {}^{2}_{1}H, {}^{16}_{8}O, {}^{238}_{92}U. $$

Estruturando os núcleos

Da mesma forma que os átomos têm estrutura interna, os núcleos dos átomos também têm constituintes e estes devem se organizar de alguma maneira. É imperativo entender como esses constituintes interagem entre si para poder compreender como é a estrutura do núcleo atômico.

Os blocos elementares do quebra-cabeça são agora os prótons e os nêutrons. As interações dominantes entre eles são: a força eletromagnética, que age repulsivamente entre os prótons e a força nuclear, que é atrativa, forte comparada com a interação eletromagnética, de alcance comparável com o tamanho do próprio núcleo, atuando indistintamente entre quaisquer pares próton-próton, nêutron-nêutron ou próton-nêutron.[5]

Dos dados experimentais seguiu a primeira visão de caráter amplo de como aquelas partículas se arranjam. Em geral, nos núcleos mais leves há aproximadamente tantos prótons quanto nêutrons, de tal forma que a relação massa/carga é aproximadamente dois, em acordo com as medidas. Por exemplo, temos o oxigênio com massa total de 16 núcleons, sendo 8 prótons e 8 nêutrons. Mas, à medida que o número de prótons cresce, para contrabalançar a repulsão de carga e tornar o núcleo estável, devemos ter mais nêutrons que prótons (ver Figura 1). E ainda mais, quando o número de

---

5 Para uma discussão, ver ROBILOTTA, M. R., COELHO, H. T. Forças nucleares, *Ciência Hoje*, v.11, n.63, 1982, p.22-30.

prótons é maior que 83, adicionar mais nêutrons não resolve o problema da estabilidade. Ou seja, todos os elementos com mais prótons que o bismuto-83 são instáveis.

Os núcleos mais pesados têm mais nêutrons que prótons. Por exemplo, no urânio 92, teremos 92 prótons e os nêutrons completam o número de massa do urânio. De quantos nêutrons o núcleo de urânio é constituído? As forças que agem no núcleo levam à situação em que a resposta não é única. Se, por um lado, as propriedades químicas de um elemento são determinadas pelo número de seus elétrons, que é igual ao número de prótons, já o número de nêutrons não é fixado por elas.

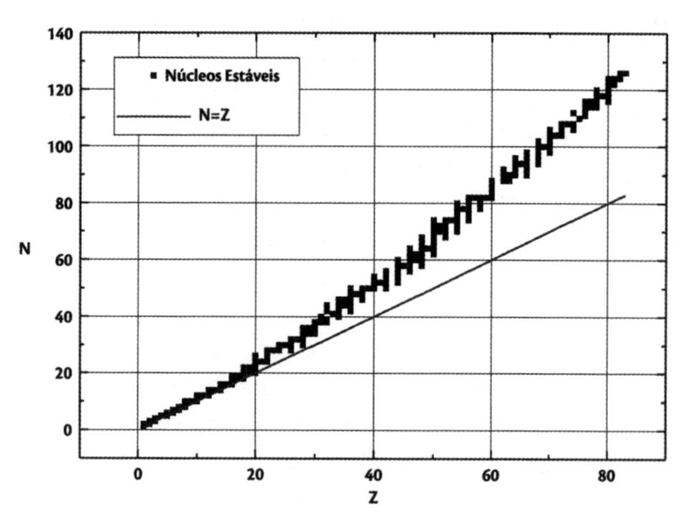

FIGURA 1 – CADA QUADRADO REPRESENTA UM NÚCLEO ESTÁVEL DE UM ELEMENTO DA NATUREZA. A LINHA RETA CORRESPONDE AO NÚMERO DE PRÓTONS IGUAL AO NÚMERO DE NÊUTRONS. DEVE SER OBSERVADO O DESVIO QUE OCORRE PARA Z MAIOR DO QUE 20.

Assim, os núcleos podem ter um número variável de nêutrons, mas não arbitrário, já que esse número não pode exceder em demasia o número de prótons para que ocorra a estabilidade energética do núcleo. Por causa disso, há núcleos diferentes entre si que têm o mesmo número de prótons, mas têm números diferentes de nêutrons, tendo, portanto, diferentes números totais de núcleons. Esses núcleos são denominados *isótopos* do elemento químico. Como são caracterizados pelo mesmo número de prótons, eles não podem ser separados entre si por processos químicos. Por exemplo, todos os isótopos do urânio têm 92 prótons, mas seus isótopos mais abundantes têm 143 e 146 nêutrons e só podem ser separados por processos físicos que diferenciem as massas.

São necessariamente estáveis?

Muitos dos núcleos encontrados na Natureza são estáveis, isto é, eles não mudam à medida que o tempo passa, e isso é um alívio para todos nós! Mas, nem todos os núcleos vivem como entidades imutáveis, como vemos na radioatividade. Muitos são os casos em que núcleos se transformam em outros na procura pela estabilidade. Se um núcleo é estável ou não depende de seu número de prótons e nêutrons.

Finalmente podemos entender a radioatividade. Nos chamados decaimentos radioativos, um núcleo emite radiação espontaneamente e o átomo original se torna um átomo de um elemento diferente ou então permanece o mesmo átomo, mas com o núcleo em um estado diferente. Uma característica desse processo é que não podemos prever quando ele vai acontecer em um dado núcleo individual. Mas, podemos realizar medidas em grandes quantidades de núcleos e então calcular quantidades médias.

No decaimento radioativo, há uma mudança interna, núcleos se transformam em outros e, assim, a quantidade do elemento original diminui com o tempo, enquanto crescem as dos outros. O tempo médio para que a metade dos núcleos radioativos de partida decaia é chamado *meia-vida*. Leva esse mesmo tempo para que a metade do que sobrou decaia e assim sucessivamente. As meias-vidas dos isótopos radioativos podem variar muito, indo desde milissegundos até bilhões de anos. Este é o caso do urânio-238, que tem meia-vida de $4,5 \times 10^9$ anos, praticamente a idade da Terra.

Outra quantidade média é a *atividade* de uma amostra radioativa.[6] Ela mede a taxa de decaimentos dos núcleos por alguma unidade de tempo. Assim, uma atividade de um decaimento por segundo é definida como um becquerel.

Uma nova força

Os agentes das transformações que ocorrem no núcleo são as interações que lá atuam. As transformações que dão origem ao aparecimento dos elétrons da radiação beta, detectada desde as primeiras experiências de Becquerel, são resultado de uma nova interação, a interação fraca, e demandaram a inclusão, em 1931, de uma nova família de partículas subatômicas: *neutrinos* e *antineutrinos*. Essas novas partículas, que têm massa ínfima, são essenciais para dar conta do balanço energético da transformação. Elas interagem tão fracamente com a matéria, que só foram detectadas cerca de duas décadas após terem sido propostas.

Os atores participantes do decaimento beta nuclear são o nêutron, o próton, o elétron e o antineutrino. O processo básico envolvendo esses atores é:

$$n \rightarrow p + e^- + \bar{\nu}_e + Energia$$

significando que o nêutron se transforma em um próton, mais um elétron, mais um antineutrino e libera energia as-

6 OKUNO, E. *Radiação: efeitos, riscos e benefícios*. São Paulo: Harbra, 1998.

sociada ao movimento das partículas produzidas. O nêutron não tem carga elétrica, dessa forma, a soma das cargas das partículas resultantes também é zero.

Essencialmente, as transformações nucleares caracterizam-se pela busca de maior estabilidade pela emissão de partículas, de radiação eletromagnética ou da transformação do nêutron (ou do próton) em outras partículas.

2 ... E vendo como funciona

Como os sistemas naturais mantêm-se ligados

Olhando à nossa volta, podemos perceber a existência de estruturas que se caracterizam por uma grande estabilidade. Entretanto, é perceptível uma leve vibração de uma ponte quando uma carreta pesada trafega sobre ela. Ou seja, mesmo sistemas muito estáveis movimentam-se ao serem levemente perturbados por um agente externo, mas felizmente – se for uma ponte – retornam logo ao equilíbrio. Um choque violento da mesma carreta, destruindo um pilar de sustentação da ponte, é o exemplo de uma situação em que o sistema é tão drasticamente afastado do equilíbrio que termina por colapsar.

A noção de estabilidade, porém, não está necessariamente associada à quase imobilidade. A Terra move-se em torno do Sol em uma órbita aproximadamente circular, que desde tempos imemoriais é essencialmente a mesma. Sol e Terra atraem-se mutuamente pela força gravitacional e a órbita terrestre é estável, embora a Terra se mova em torno do Sol com uma velocidade de cerca de 100.000 quilômetros por hora. Um formidável impacto com um asteroide de grandes dimensões alteraria a órbita terrestre; para expulsar a Terra do sistema solar, o impacto teria que ser muitíssimo maior.

Esta última situação hipotética, mais adequada a um filme de ficção científica de segunda categoria, permite-nos vislumbrar um aspecto importante da noção de estabilidade: a Terra só seria arrancada de sua órbita e liberta da sua ligação com o Sol se recebesse uma grande quantidade de energia nessa colisão. De maneira completamente simétrica, para recolocar a Terra na órbita original (assumindo que ela resistisse íntegra ao choque – em filmes de segunda, tudo é possível) o sistema Sol-Terra devolveria parte da energia gasta para desmontá-lo.

O parágrafo anterior sugere uma propriedade importante do comportamento do sistema Sol-Terra: se energia é devolvida quando a Terra é recolocada em sua órbita, então o sistema ligado Sol-Terra deve ter uma energia menor do que quando ambos estavam completamente separados. Ao fazer esta afirmação, estamos implicitamente assumindo que a energia é algo constante ao longo de todo o processo.

As mil faces da energia

Bem, agora é inevitável! Teremos que passar à discussão do que é energia, essa entidade já mencionada várias vezes ao longo do texto sem que tivéssemos sido apresentados a ela.

Energia é um conceito básico e, como ocorre com qualquer ideia fundamental, sua definição é extremamente difícil. A energia tem em física um significado muito específico, que, apesar de ter parentesco com o usado no nosso cotidiano, amplia-o e estende-o.

A coisa toda fica mais complicada porque a energia se apresenta sob as mais diferentes roupagens: cinética[1] (as-

---

1 A energia cinética de um objeto é definida como: $E_{cinética} = \frac{1}{2}mv^2$, onde m é a massa e v a velocidade.

sociada ao movimento), potencial (associada à capacidade de causar movimento), térmica (ligada à temperatura de um corpo), sonora (devido às compressões e rarefações do ar), elétrica (em sentido mais mundano, relacionada apenas ao movimento dos elétrons em um fio condutor), luminosa (que no fundo é energia elétrica, pois a luz é entendida como uma onda eletromagnética). Não tentaremos em absoluto defini-la, pois é tarefa condenada ao fracasso. Em vez disso, vamos concentrar nossa discussão nas transformações envolvendo os diversos tipos de energia e apresentar uma propriedade fundamental, que é o fato de a energia ser conservada. Em outras palavras, nessas transformações a quantidade total de energia é sempre mantida.

Se liberada, a água de uma represa no alto da montanha adquire velocidade crescente no seu caminho em direção às planícies abaixo, transformando a energia potencial armazenada em energia cinética associada ao movimento da água. Se a água atravessar as pás de uma turbina ligada ao eixo de um gerador, essa energia cinética será convertida em energia elétrica. É o movimento de elétrons nas linhas de transmissão que conduz essa energia elétrica a uma casa, distante muitos quilômetros, onde ela pode ser utilizada para aquecer água em uma chaleira. As moléculas da água podem se mover dentro do líquido, mas a superfície do líquido representa uma barreira que elas não conseguem facilmente atravessar. O aquecimento da água aumenta a velocidade das moléculas e muitas delas adquirem energia cinética suficiente para escapar, transformando-se em vapor. Mantido o aquecimento, toda a água acabaria finalmente por evaporar.

Nas transformações que descrevemos, a quantidade total de energia manteve-se constante, mesmo que à primeira vista pareça haver perdas. Ocorre que na análise do balanço energético é necessário levar em conta todos os processos envolvidos. Por exemplo, a energia cinética da água ao chegar à planície é menor que a energia potencial armazenada pela água originalmente represada; porém, se incluirmos a energia gasta pela correnteza para derrubar árvores, arrancar a relva do chão, desbarrancar a encosta da montanha, produzir o rugido da água turbilhonando montanha abaixo, enfim, levando tudo em consideração, a energia total será constante. O mesmo acontece com o movimento dos elétrons na linha de transmissão, os quais, ao se chocarem com os átomos que constituem o fio condutor, aquecem-no, ocasionando perdas sob a forma de calor (energia térmica); se essas e outras perdas são incluídas, verifica-se que a energia total é mais uma vez constante.

A mais famosa equação do mundo

A ideia nos parágrafos anteriores era que, entendendo como ocorriam as transformações entre os diversos tipos de energia, poderíamos adquirir uma percepção mais clara do que ela vem a ser. Entretanto, há ainda uma forma de energia que qualquer corpo tem pelo simples fato de ter massa; esta foi uma das previsões revolucionárias da teoria da relatividade proposta por Einstein em 1905. Esse conteúdo de energia é dado pela equação $E = mc^2$, onde m é a massa do corpo quando em repouso e c é a velocidade da luz. Lembre-se de que se c já é muito grande, c^2 é ainda maior.

Sabendo que a velocidade da luz é $c = 300.000.000\ m/s$, um corpo com massa de 1 quilograma encerra uma quantidade de energia

$$E = mc^2 = 1\ kg \times (300.000.000)^2 m^2/s^2 = 90.000.000.000.000.000$$

joules. Isto é equivalente ao consumo energético anual de cerca de 1 milhão de pessoas. Será possível extrair toda essa energia? Uma parte dela?

Imaginar que um objeto parado, quietinho, possa encerrar tal imensa quantidade de energia é nada intuitivo. Apesar disso, ela é tão energia quanto qualquer outra e, uma vez liberada, pode ser transformada nos outros tipos que vimos anteriormente. A grande questão formulada pelos físicos do começo do século XX era se – e como – seria possível extrair essa energia – ou pelo menos uma parte dela.

Um desdobramento dessa relação de equivalência massa-energia é que os físicos passaram a se referir à massa pelo seu conteúdo em energia. Afinal, se há apenas um fator de proporcionalidade entre elas (mesmo levando em conta que esse "apenas" é c^2), qual a razão para ficar perdendo tempo com duas unidades distintas para medir grandezas equivalentes?

Dentro do mesmo espírito, como a energia está também associada à temperatura de um corpo, podemos usar a própria temperatura para indicar a quantidade de energia. Talvez um exemplo ajude a entender. As moléculas de oxigênio à temperatura de 27 °C têm uma velocidade média da ordem de *480 m*/s e uma energia cinética média de $6{,}21 \times 10^{-21}$ joules. Assim, é equivalente falar que o oxigênio está a 27 °C ou que suas moléculas estão com energia cinética média de $6{,}21 \times 10^{-21}$ joules. A constante de proporcionalidade que relaciona a energia cinética média com a temperatura é $\frac{3}{2}k_B$, onde k_B é a *constante de Boltzmann*. Se quisermos saber a quantidade total de energia cinética contida em 32 g de oxigênio (isto é, uma molécula-grama), basta multiplicar pelo número de Avogadro. Obtemos então que em uma molécula-grama de oxigênio à temperatura de 27 °C há cerca de 3700 joules de energia cinética em suas moléculas.

Unidades de energia: uma grande dor de cabeça

Há diferentes unidades de medida de energia. A definição dessas unidades distintas tem, muitas vezes, raízes históricas e é adaptada à necessidade de situações físicas específicas. Por exemplo, uma unidade natural em problemas de termodinâmica é a caloria, que é a quantidade de energia necessária para elevar a temperatura de um grama de água de 14,5 °C a 15,5 °C. Um joule, por outro lado, é a energia cinética que um objeto de um quilograma, partindo do repouso e próximo à superfície da Terra, adquire ao cair cerca de 10 centímetros.

Essas duas unidades distintas de energia estão relacionadas:

$$1 \text{ caloria} = 4{,}18 \text{ joules}.$$

Por exemplo, a massa do próton medida em quilogramas é:

$$m_p = 1{,}67 \times 10^{-27} kg.$$

O conteúdo de energia desse próton em joules é:

$$m_p c^2 = 1{,}67 \times 10^{-27} \left(3 \times 10^8\right)^2 = 1{,}51 \times 10^{-10} joules$$

e em calorias:

$$m_p c^2 = \frac{1{,}51 \times 10^{-10} Joules}{4{,}18} = 3{,}60 \times 10^{-11} \text{cal}.$$

Apesar de justas e válidas, joules e calorias são unidades inconvenientes para expressar a massa do próton, pois foram propostas para a descrição de sistemas macroscópicos. Uma unidade mais adequada é aquela que envolva energias típicas de algo muito pequeno. Os físicos inventaram então o *elétron-volt (eV)*, que é a energia cinética adquirida por um elétron ao ser submetido a uma tensão de 1 volt.

Nessa nova unidade:

$$m_p c^2 = 938{,}28 \, MeV.$$

Usaremos ao longo do texto o elétron-volt e seus múltiplos: *keV* (um mil elétron-volts) e *MeV* (um milhão de elétron-volts).

Leis e princípios físicos são entidades interessantes. Uma vez formulados com base na extrapolação de observações, de conceitos ou mesmo como uma tentativa, por vezes desesperada, de fazer ordem em um caos de ideias e dados, permanecem válidos até o momento em que a Natureza diga uma vez, e basta uma, que Seu comportamento não está de acordo com essa particular lei ou princípio. A lei da conservação da energia, entendida agora no sentido ampliado, continua válida em escalas de tamanho que vão desde o diminuto mundo das partículas elementares até estruturas de dimensão cosmológica, não sendo conhecida nenhuma exceção.

O mundo do muito pequeno

Aquele que não fica chocado com a
mecânica quântica não a entendeu.
Niels Bohr

Embora tenhamos até agora discutido sistemas macroscópicos, de dimensões terráqueas ou astronômicas, nosso objeto de discussão é o núcleo atômico, algo extremamente pequeno, milhares de vezes menor do que um átomo.

Nas primeiras décadas do século XX os físicos perceberam que as formulações que conheciam, adequadas à descrição do mundo macroscópico, não eram mais válidas neste novo domínio. O edifício da física clássica ruía ao ser aplicado aos sistemas atômico e subatômico e uma nova estrutura teve que começar a ser construída. Alguns – poucos, porém fundamentais – princípios mantiveram sua validade. Entre eles, a lei da conservação da energia.

A grande perplexidade foi a constatação da existência de uma escala de tamanho, que estabelece o que é muito pequeno. Essa escala, essencialmente definida pela *constante de Planck*, informa-nos que não podemos ir simplesmente dividindo um objeto, esperando descrever o comportamento de todos esses sucessivamente menores pedaços com as mesmas leis da física macroscópica. A partir de certo tamanho, elas perdem sua aplicabilidade e novas leis têm de ser utilizadas. Em direção ao mundo do muito pequeno, a Natureza não se comporta como um *fractal*, que a cada diminuição de escala se autorreproduz.

Uma manifestação clara da existência dessa escala absoluta de tamanho está presente no princípio da incerteza, proposto por W. Heisenberg no alvorecer da mecânica quântica, nome do ramo da Física que se ocupa da descrição dos fenômenos atômicos e subatômicos. Esse princípio nos diz que há pares de variáveis complementares, que não podem ser medidas simultaneamente com precisão arbitrária. Por exemplo, se conhecermos com precisão infinita (isto é, incerteza zero) a posição de uma partícula, perderemos completamente a informação sobre sua velocidade (mais precisamente, sobre o momento linear[2]) e vice-versa.

Esse é um comportamento inerente à Natureza e não uma dificuldade experimental devida a imperfeições nos aparelhos de medida. De nada adiantaria melhorar a qualidade dos equipamentos experimentais! Ademais, ela só aparece no domínio do mundo do muito pequeno.

Átomos e núcleos: escalas de energia

Usando o princípio da incerteza podemos avaliar as diferentes escalas de energia existentes entre os sistemas atômico e nuclear. Matematicamente ele pode ser expresso como:

$$\Delta p \Delta x \approx \frac{h}{4\pi},$$

onde Δp é a incerteza no momento linear, Δx a incerteza na posição e h a constante de Planck (o sinal "≈" significa "aproximadamente igual a").

2 O momento linear (ou quantidade de movimento) de um objeto é definido como o produto da sua massa pela velocidade: $p = mv$.

Se lembrarmos que a energia cinética é escrita como:

$$E = \frac{1}{2}mv^2 = \frac{p^2}{2m},$$

verificamos que uma estimativa da energia de um elétron no átomo é:

$$E_{Átomo} \approx \frac{(\Delta p_e)^2}{2m_e} \approx \left(\frac{h}{2\pi}\right)^2 \frac{1}{(\Delta x_e)^2} \frac{1}{2m_e},$$

enquanto para um núcleon no núcleo, essa mesma estimativa resulta:

$$E_{Núcleo} \approx \frac{(\Delta p_N)^2}{2m_N} \approx \left(\frac{h}{2\pi}\right)^2 \frac{1}{(\Delta x_N)^2} \frac{1}{2m_N}.$$

Vemos então que a razão entre a energia de um núcleon no núcleo e a energia de um elétron no átomo é:

$$\frac{E_{Núcleo}}{E_{Átomo}} \approx \left(\frac{\Delta x_e}{\Delta x_N}\right)^2 \frac{m_e}{m_N}.$$

Substituindo valores puramente estimativos para o tamanho do átomo, $\Delta x_e \approx 10^{-10}m$, do tamanho do núcleo, $\Delta x_N \approx 3 \times 10^{-15}m$, e para a razão entre a massa do elétron e do núcleon, $\frac{m_e}{m_N} \approx \frac{1}{2000}$, obtemos:

$$\frac{E_{Núcleo}}{E_{Átomo}} \approx 10^6,$$

ou seja, os processos nucleares são cerca de um milhão de vezes mais energéticos do que os atômicos.

Isto pode ser mais bem entendido se pensarmos que, para determinar a posição de uma partícula, lançamos luz sobre ela. Para determinar a posição de um objeto muito pequeno, temos que utilizar luz de também pequeno *comprimento de onda*; mas a luz carrega energia, que é tanto maior quanto menor for o comprimento de onda. Dessa forma, para poder enxergar um objeto muito pequeno teremos de lançar muita energia sobre ele, empurrando-o para longe, deixando assim de saber a posição em que ele estava.

O princípio da incerteza, de fato, estabelece os limites daquilo que é possível saber acerca do comportamento do mundo físico.

O princípio da incerteza tem uma consequência importante: se não é mais possível determinar com precisão a posição de uma partícula, perdem sentido também conceitos caros à física pré-século XX como, por exemplo, trajetória ou órbita. À precisão na determinação das variáveis contrapõem-se ideias probabilísticas. Não tem mais sentido falar na posição ocupada, e sim introduz-se agora a probabilidade de a partícula ser encontrada em dado ponto do espaço. Essas ideias probabilísticas, inerentes ao mundo do muito pequeno, estão no cerne da descrição apresentada pela mecânica quântica.

Outro par de variáveis complementares ao qual também se aplica o princípio da incerteza é composto por tempo e energia. Neste caso, as consequências do princípio da incerteza sobre a nossa compreensão do comportamento do mundo físico são igualmente dramáticas. Um sistema isolado com energia bem definida, isto é, incerteza zero na energia, permanecerá estável (o que está de acordo com nossas expectativas como habitantes de um mundo macroscópico). Entretanto, um sistema, mesmo que isolado, com uma incerteza na energia, terá também uma incerteza associada ao seu tempo de vida. Em outras palavras, ele terá certa probabilidade de decair, de passar para outro estado, ou, dizendo de outra forma, de se transmutar. A radioatividade nuclear é uma manifestação do princípio de incerteza.

A estrutura do núcleo

No mundo do muito pequeno, dois atores entraram em cena quase que simultaneamente: o átomo e o seu núcleo. O primeiro modelo bem-sucedido proposto para o átomo veio acompanhado da necessidade da existência de um núcleo carregado positivamente de eletricidade, extremamente massivo e denso.

Os físicos logo perceberam que o núcleo atômico era um sistema muito peculiar. Os processos nucleares envolviam energias muito maiores que todas até então conhecidas, ficando patente que forças muito distintas das que constituíam o universo de trabalho dos físicos de então deveriam estar agindo.

Olhar para o núcleo atômico é uma tarefa complexa. "Olhar" é uma metáfora, pois para poder investigar um objeto tão pequeno extensões dos nossos sentidos tiveram que ser buscadas.

Uma das primeiras perguntas foi: "Pequeno, sim! Mas quão pequeno?". As primeiras experiências para determinar o raio nuclear foram semelhantes àquelas que levaram à descoberta do próprio núcleo. Partículas α lançadas sobre núcleos atômicos são desviadas unicamente pela interação eletromagnética, a menos que sua energia cinética seja suficientemente grande para permitir que os núcleos cheguem tão perto que as forças nucleares entrem em ação. A distância em que isso ocorre é uma boa determinação do raio nuclear (lembre-se de que as forças nucleares têm alcance muito curto[3]).

Utilizando diferentes núcleos como alvos, os resultados dessa e de outros tipos de experiências mostraram que o raio nuclear depende do número de massa de uma maneira muito sugestiva, mostrada na Figura 1.

3 Ver referência citada na nota 5 do Capítulo 1.

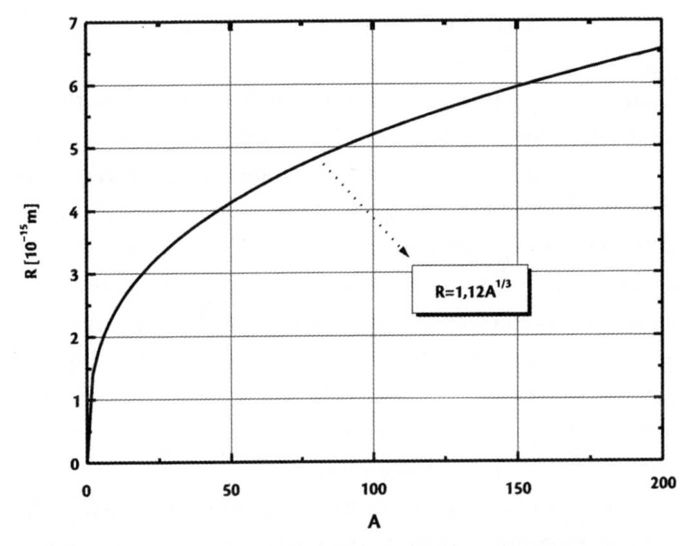

FIGURA 1 – A FIGURA MOSTRA O COMPORTAMENTO DO RAIO NUCLEAR, R, COMO FUNÇÃO DO NÚMERO DE MASSA A.

O "sugestivo" usado no parágrafo anterior pode ser explicado: os resultados das experiências mostraram que a relação entre o raio e o número de massa A é: $R=r_0A^{1/3}$, onde $r_0= 1,12\times10^{-15}$ metros. Se calcularmos a densidade do núcleo obteremos:

$$\rho = \frac{Massa}{Volume} = \frac{m_N A}{\frac{4}{3}\pi R^3} = \frac{m_N A}{\frac{4}{3}\pi r_0^{\,3} A} = \frac{3m_N}{4\pi r_0^{\,3}}.$$

Ou seja, a densidade do núcleo é uma constante, exatamente como ocorre nos líquidos.

O núcleo atômico é, de um lado, um sistema ligado de prótons e nêutrons, cujo movimento dentro do núcleo pode ser individualizado, e de outro, várias das propriedades dos núcleos mais pesados podem ser descritas imaginando-os uma gota de um líquido incompressível e eletricamente carregado.

Melhor é ser fundamental

Cada núcleo tem um estado de equilíbrio, denominado estado fundamental, que é o estado de menor energia desse particular núcleo. Há também um enorme número de estados de maior energia, denominados estados excitados, em cuja estrutura podem ser encontrados sinais do movimento individual das partículas que constituem o núcleo, ou do movimento coletivo do fluido formado por essas mesmas partículas, ou ainda de uma superposição desses dois aspectos. Independentemente das características que se apresentem de modo mais saliente, os diferentes estados de um mesmo núcleo são estruturalmente diferentes.

Um núcleo pode ser formado em um estado excitado através da captura, por um núcleo de partida, de um constituinte adicional, ou levado a um desses estados por alguma ação externa, por exemplo, a colisão com outro núcleo. Ele tentará se livrar dessa energia adicional de alguma maneira: estados excitados são instáveis, decaindo, mais cedo ou mais tarde, para um estado de energia mais baixa. Os raios gama medidos por Becquerel eram nada mais nada menos que produtos da desexcitação nuclear. As emissões α e β, também observadas por ele, são igualmente consequência da busca pelo equilíbrio.

A Figura 2 a seguir representa de modo esquemático o que ocorreu na emissão γ observada por Becquerel: o núcleo está inicialmente em um estado excitado (com maior energia) e decai para o estado fundamental emitindo um raio γ. Nesse processo, ocorreu um rearranjo dentro do núcleo, pois a estrutura do estado inicial do núcleo (o estado excitado) é diferente da estrutura do estado final (estado fundamental).

Os núcleos, assim como todos os demais sistemas físicos, buscam sempre seus respectivos estados fundamentais, menos energéticos: a Natureza, tal qual uma dona de casa que procura minimizar os gastos do orçamento familiar, é "econômica" e prefere permanecer em estados de mínima energia.

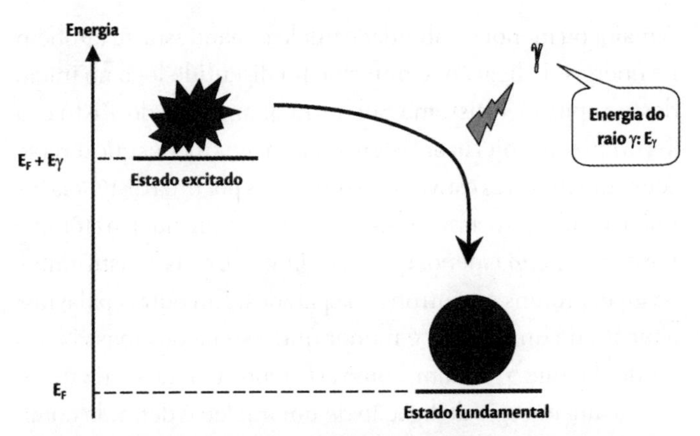

FIGURA 2 – A FIGURA REPRESENTA ESQUEMATICAMENTE UM NÚCLEO EM UM ESTADO EXCITADO (À ESQUERDA) EMITINDO UM RAIO γ E ATINGINDO SEU ESTADO FUNDAMENTAL (DE ENERGIA MAIS BAIXA). NESSE PROCESSO OCORREU UM REARRANJO DA ESTRUTURA INTERNA DO NÚCLEO, DE MODO QUE O EXCEDENTE DE ENERGIA ARMAZENADO NO ESTADO EXCITADO FOI LIBERADO ATRAVÉS DA EMISSÃO DO RAIO γ.

Estabilidade nuclear

Da mesma forma que um dado núcleo tem um estado de energia mais baixa, para o qual ele decai mais cedo ou mais tarde, núcleos distintos têm maior ou menor estabilidade entre si conforme os valores relativos da energia de seus respectivos estados fundamentais.

Um núcleo é instável se, ao fim de certo tempo, ele se transforma (isto é, decai) em outra espécie nuclear. Uma indicação do quão rápido é o decaimento é dada pela meia-vida.

Quanto maior a meia-vida, maior a estabilidade do núcleo. Núcleos estáveis têm meias-vidas essencialmente infinitas.

Juntar para emagrecer

A maior ou menor estabilidade nuclear manifesta-se também na energia de ligação. Conforme foi discutido logo no início deste capítulo, o sistema Sol-Terra quando ligado – isto é, a Terra em sua órbita usual – tem uma energia menor que teria se seus constituintes estivessem separados por uma distância infinita. O mesmo ocorre no sistema nuclear: um núcleo atômico tem uma energia menor que o conjunto de seus constituintes – isto é, prótons e nêutrons – separados. Em outras palavras: a massa de um núcleo é menor que a soma das massas das partículas que o formam, como está representado na Figura 3.

Assim, energia de ligação de um núcleo é definida como a diferença entre a soma das massas (isto é, energias) dos Z prótons e dos N nêutrons que o constituem e a massa (isto é, energia) do núcleo:

$$B = Zm_{próton}c^2 + Nm_{nêutron}c^2 - M_{Núcleo}c^2.$$

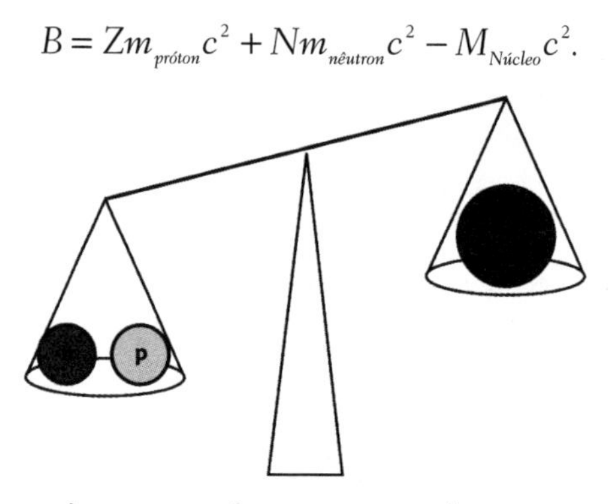

FIGURA 3 – UM DÊUTERON (O ISÓTOPO DO HIDROGÊNIO, COM $Z=1$ E $N=1$) TEM MASSA MENOR QUE A SOMA DE SEUS CONSTITUINTES. SE OCORRESSE O CONTRÁRIO, ISTO É, SE O LADO DIREITO TIVESSE MASSA MAIOR DO QUE O ESQUERDO, O DÊUTERON NÃO PODERIA EXISTIR.

A Figura 4 ilustra o que ocorre quando um nêutron e um próton juntam-se para formar o dêuteron.

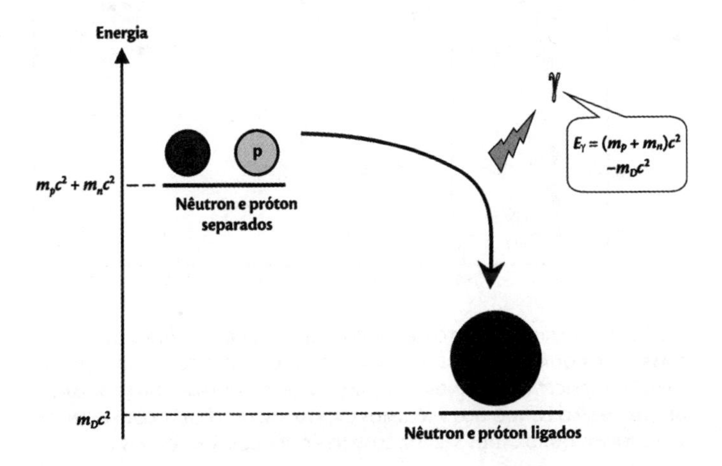

FIGURA 4 – UM PRÓTON (ENERGIA: m_pc^2) E UM NÊUTRON (ENERGIA: m_nc^2) SEPARADOS JUNTAM-SE PARA FORMAR O DÊUTERON (ENERGIA: m_Dc^2). A ENERGIA DE LIGAÇÃO DO DÊUTERON É $B = Zm_{próton}c^2 + Nm_{nêutron}c^2 - M_{Núcleo}c^2$. A ENERGIA DO RAIO γ EMITIDO É EXATAMENTE IGUAL À ENERGIA DE LIGAÇÃO. PARA QUEBRAR O DÊUTERON, SEPARANDO-O EM SEUS DOIS CONSTITUINTES, UMA QUANTIDADE DE ENERGIA NO MÍNIMO IGUAL A *B* TERÁ DE SER FORNECIDA.

Quebras e junções

Na verdade, em lugar da energia de ligação, B, a grandeza mais conveniente para verificar a maior ou menor estabilidade de um núcleo em relação aos demais é a energia de ligação por constituinte, B/A. Não é difícil interpretar esta quantidade: quanto maior ela for, mais ligados estarão em média os constituintes do núcleo e portanto mais energia terá de ser gasta para separá-lo em seus componentes.

Na Figura 5, vemos o comportamento de B/A como função do número de massa.

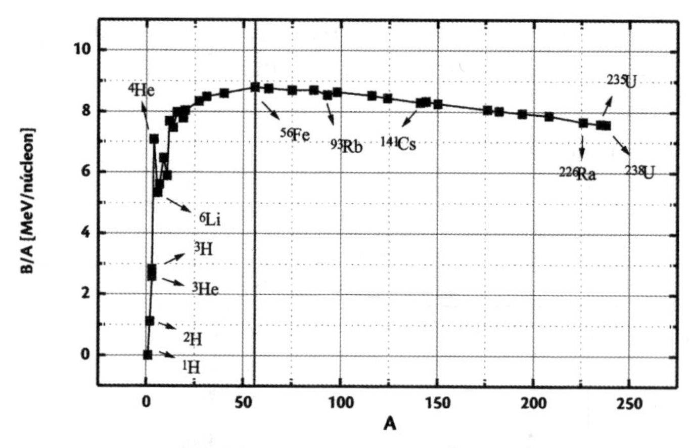

FIGURA 5 – COMPORTAMENTO DE B/A COMO FUNÇÃO DO NÚMERO DE MASSA A. OS QUADRADINHOS INDICAM ALGUNS DOS NÚCLEOS ESTÁVEIS. SÃO TAMBÉM EXPLICITAMENTE INDICADOS ALGUNS NÚCLEOS MENCIONADOS NAS DISCUSSÕES AO LONGO DOS PRÓXIMOS CAPÍTULOS. (AS LINHAS CONECTANDO OS DIVERSOS QUADRADOS SERVEM SOMENTE PARA GUIAR OS OLHOS.)

Saltam aos olhos alguns aspectos:

1. A curva tem um máximo próximo ao número de massa $A=56$. Na verdade, o ^{56}Fe é o núcleo mais estável existente na Natureza.
2. Se um núcleo situado à direita desse máximo for dividido em dois, os núcleos resultantes terão uma energia de ligação por constituinte maior do que o núcleo que lhes deu origem e, portanto, serão mais estáveis.
3. Inversamente, se núcleos à esquerda do máximo juntarem-se, o núcleo resultante será mais estável.

Em qualquer dos casos, fissão (item 2) ou fusão (item 3), a diferença de energia é liberada.

O cenário está montado. As condições mínimas para o aproveitamento da imensa energia armazenada no núcleo atômico estão estabelecidas. A grande questão é, porém, como extraí-la.

3 Dividir é bom...

Dito e feito

Logo após a descoberta da existência dos núcleos atômicos por Rutherford, já se conjeturava sobre a importância da expressão de Einstein, relacionando matéria e energia, para a compreensão desse novo mundo. Em 1921, W. Pauli antecipava:

> Talvez o teorema da equivalência da massa e energia possa ser testado em alguma data futura através de observações da estabilidade de núcleos.[1]

No dia 2 de dezembro de 1942, o físico americano A. Compton telefonou para J. Conant da Secretaria de Pesquisa Científica e Desenvolvimento em Harvard. "O navegador italiano alcançou o Novo Mundo", disse Compton. "E o que ele achou dos nativos?", perguntou Conant. "Muito amistosos", foi a resposta de Compton.[2]

A mensagem, em código, queria dizer que o físico italiano imigrado E. Fermi fizera funcionar um reator nuclear. O que é um reator nuclear? Como ele funciona?

Entra em cena o nêutron

O nêutron é uma excelente ferramenta para produzir reações de transformação em núcleos e estudar sua estabilida-

---

1 PAULI, W. *Theory of Relativity*. Bristol: Pergamon Press, 1958.
2 Apud FERMI, L. *Atoms in the family*. Londres: George Allen & Unwin Ltd., 1955.

de porque não tem carga elétrica nem sofre repulsão, como um próton sofreria, se lançado contra um núcleo. Por causa disso, os cientistas bombardeavam os núcleos dos elementos químicos usando nêutrons e tentavam produzir outros elementos mais pesados. E para tanto, levavam em conta que os nêutrons podem se transformar em prótons através da emissão de um elétron e de um antineutrino, ou seja, eles tentavam produzir um elemento beta radioativo.

Buscando com esse artifício a produção de elementos mais pesados que o urânio, os cientistas depararam com um fenômeno totalmente novo. O. Hahn e F. Strassman, bombardeando o urânio com nêutrons, encontraram na amostra o elemento químico bário, que tem 56 prótons, em vez de elementos mais pesados, com mais de 92 prótons.

A explicação do fenômeno foi dada por Lise Meitner e seu sobrinho O. Frisch, que propuseram que o núcleo do urânio, quando bombardeado por nêutrons, se quebra em dois núcleos menores, de tamanhos quase iguais. Eles chamaram esse processo de quebra induzida pelo nêutron de *fissão nuclear*. Na verdade, verificou-se que não era o ^{238}U (urânio-238) que fissionava, mas o ^{235}U (urânio-235). Os núcleos resultantes da fissão, por exemplo, césio, emitem algum tipo de radiação até se transformar finalmente em núcleos estáveis.

A energia produzida na fissão de cada núcleo de ^{235}U pode ser estimada como mostra a Figura 5 do Capítulo 2. Comparando a energia de ligação por núcleon do urânio e do césio, vemos que há um pouco menos de 1 MeV de diferença. Como o urânio tem 235 núcleons, obteremos um total de aproximadamente 200 MeV por fissão. Esta energia é maior que a emitida por núcleo na emissão radioativa e maior ainda que a energia liberada por átomo em reações químicas.

Nêutrons, muitos nêutrons

Agora, um aspecto interessante da fissão de elementos pesados é que, no processo de quebra, eles também liberam alguns nêutrons, os chamados *nêutrons prontos*. Isso ocorre porque os núcleos pesados têm muitos nêutrons para assegurar sua estabilidade, como pode ser visto na Figura 1 do Capítulo 1. Quando eles se quebram em núcleos mais leves, alguns nêutrons são desnecessários, já que os núcleos leves resultantes se estabilizam com menos nêutrons que os pesados. O número daqueles nêutrons liberados é definido no acerto final da contabilidade da massa.

Acontece, porém, que o ^{235}U não se quebra sempre da mesma forma. Por exemplo, da colisão de um nêutron com o ^{235}U

$$ {}^{1}_{0}n + {}^{235}_{92}U \rightarrow {}^{141}_{56}Ba + {}^{92}_{36}Kr + {}^{1}_{0}n + {}^{1}_{0}n + {}^{1}_{0}n + 173{,}3\,MeV $$

podem ser produzidos bário-141 e kriptônio-92 e 3 nêutrons. Ou seja, temos de ter 236 núcleons à direita, que é o total de núcleons no lado esquerdo da equação. Mas pode também resultar:

$$ {}^{1}_{0}n + {}^{235}_{92}U \rightarrow {}^{141}_{55}Cs + {}^{93}_{37}Rb + {}^{1}_{0}n + {}^{1}_{0}n + 180{,}0\,MeV $$

ou seja, césio-141, rubídio-93 e mais 2 nêutrons (há ainda várias outras possibilidades!). Por análises químicas dos produtos da fissão pode-se achar qual é a abundância deles e qual é sua probabilidade de ocorrência. Do total dos resultados se observa que, em média, há a emissão de 2,5 nêutrons para cada fissão do ^{235}U. Além desses nêutrons prontos aparecem também os nêutrons que podem ser emitidos pelos próprios produtos de fissão, que são chamados de *nêutrons atrasados*, porque são emitidos após alguns segundos, ou mesmo minutos, depois da fissão.

A grande ideia

Os nêutrons produzidos numa fissão, por sua vez, podem causar novas fissões se colidirem com outros núcleos de urânio na vizinhança. Essas fissões poderiam ir se sucedendo, produzindo uma reação em cadeia que, se mantida e controlada, liberaria enorme quantidade de energia no processo. Este é o princípio das reações em cadeia em núcleos físseis.

O problema central do uso da fissão nuclear como fonte de energia consiste em entender como começar a sequência de fissões e como mantê-la de forma controlada.

No princípio está o nêutron...

A fissão em geral deve ser induzida, ao contrário da radioatividade, que é espontânea. E um bom indutor é o nêutron.

Para dar início às reações de fissão é necessária uma fonte de nêutrons. Algumas fontes conhecidas usam o elemento berílio-9 na presença de um emissor de partículas alfa, que pode ser o rádio-226. As partículas alfa colidem com o berílio e dele arrancam um nêutron. Como o rádio é um emissor bastante estável no tempo, esta é uma fonte que produz nêutrons numa taxa constante. Um desses nêutrons pode fissionar um núcleo de ^{235}U, e este, quando se quebra, emite em média 2,5 outros nêutrons. Isto parece indicar que, começando com aqueles nêutrons, não haveria problema para a sequência de fissões.

Contudo, para que a cadeia de reações continue, sem interrupção e sem sair do controle, é necessário que os nêutrons tenham energia dentro de uma faixa correta e encontrem núcleos de ^{235}U na taxa correta. Mas, quanto de ^{235}U precisaríamos? Quais seriam as energias mais convenientes para produzir fissões no ^{235}U? Como consegui-las? As respostas a essas questões permitem encontrar a solução do controle da energia nuclear.

Que tamanho?

Um *reator nuclear* é, em última instância, um dispositivo que permite começar e controlar reações nucleares autossustentadas em grandes quantidades de material especialmente preparado. Nesse processo, ele gera grandes quantidades de energia.

Quanto à quantidade de urânio, precisamos levar em conta um parâmetro importante que diz respeito à capacidade de certa quantidade de *material físsil* manter as fissões em andamento. Por exemplo, se temos uma amostra com ^{235}U, sabemos que alguns nêutrons serão emitidos por núcleo que fissionar. A distância média que esses nêutrons têm de vencer para serem capturados por outro núcleo de ^{235}U é da ordem de alguns centímetros. Assim, se a amostra tiver dimensões pequenas, a maioria dos nêutrons se perderá, saindo dela e, nesse caso, não se estabelecerá uma cadeia progressiva de reações de fissão. Quando as dimensões da amostra aumentarem, aumentando-se a massa, também aumentará a probabilidade de os nêutrons produzidos induzirem novas fissões. E, quando essa massa atingir certo tamanho, apenas uns poucos nêutrons terão chance de escapar da amostra, sem provocar fissões. Dá-se o nome de *massa crítica* à massa em que a porcentagem de nêutrons aproveitados em reações de fissão subsequentes é suficientemente alta para sustentar uma reação em cadeia progressiva.

Quanto ^{235}U?

Outra dificuldade é a baixa concentração de ^{235}U no urânio natural. Se, por um lado, o isótopo 235 é um bom núcleo físsil, na Natureza ele somente aparece como 0,7% do urânio natural. Praticamente os 99,3% restantes estão na forma do isótopo 238. Este pode capturar um nêutron produzido numa fissão e se transformar no ^{239}U que, por sua vez, se transformará, em uma sequência de emissões beta, no elemento químico artificial bastante conhecido: o *plutônio*, Pu. A perda de nêutrons que ocorre dessa maneira tende a interromper a reação em cadeia.

Pode-se reduzir essa perda aumentando a proporção do isótopo 235 no urânio usado como combustível nuclear. Este *processo de enriquecimento* do urânio, porém, demanda grande quantidade de energia e exige uma tecnologia que poucos países dominam.

Quais energias?

Uma sutileza inerente ao processo de fissão do ^{235}U dificulta a obtenção da reação em cadeia controlada. Muitos dos nêutrons que são emitidos na fissão do ^{235}U não têm energia totalmente adequada para causar novas fissões em outros núcleos de ^{235}U. A maior parte dos nêutrons emitidos tem energia cinética na faixa de 1 a 2 MeV. Estes são chamados de *nêutrons rápidos* e podem causar poucas fissões nos isótopos 235, por serem muito rápidos, e nos 238, por não serem rápidos o suficiente. Nessa faixa de energia, é baixa a chance de eles fissionarem o urânio, qualquer um dos dois isótopos. Para poder fissionar com mais eficiência o ^{235}U, os nêutrons têm primeiro que perder boa parte dela colidindo com outros núcleos. Enquanto isso, os nêutrons podem ser capturados pelo ^{238}U (sem fissão) que, como já antecipamos, se transforma em ^{239}Pu:

$$^{1}_{0}n + {}^{238}_{92}U \rightarrow {}^{239}_{92}U \rightarrow {}^{239}_{93}Np + e^{-} + \overline{\nu}_{e} + 1{,}3\,MeV$$

$$^{239}_{93}Np \rightarrow {}^{239}_{94}Pu + e^{-} + \overline{\nu}_{e} + 0{,}7\,MeV.$$

Este tipo de captura, que tende a interromper a reação em cadeia, ocorre mais facilmente quando os nêutrons perderam energia até atingir valores na faixa de 6 a 100 eV. Abaixo de 6 eV a probabilidade de captura pelo ^{238}U é muito baixa.

Colidindo várias vezes, aqueles nêutrons podem chegar a valores tão baixos de energia que ela equivale àquela de nêutrons ao sabor somente da temperatura ambiente. Esses nêutrons são conhecidos como *nêutrons térmicos* e têm um papel muito importante nas reações em cadeia em reatores nucleares, não apenas porque o ^{238}U praticamente não os absorve, mas também porque o ^{235}U os captura muito bem e fissiona em seguida.

Esse comportamento diferenciado dos nêutrons térmicos, face à sua captura mais provável pelo ^{235}U que pelo ^{238}U, permite o funcionamento de *reatores térmicos*. Estes exigem um mecanismo eficiente de rebaixamento da energia dos nêutrons primários das fissões do ^{235}U, da faixa de 1 a 2 MeV até energias térmicas de aproximadamente 0,05 eV, sem que muitos dos nêutrons sejam capturados. Como conseguir esse rebaixamento da energia dos nêutrons?

Resfriadores de nêutrons

De forma geral, quem já jogou bolinhas de gude sabe, mesmo empiricamente, que quando elas têm aproximadamente a mesma massa ocorrerá a máxima transferência de energia da bolinha que foi atirada sobre a outra parada. Com os nêutrons acontece a mesma coisa. Se eles colidem com um próton ou outro nêutron, perdem muita energia cinética, transferindo boa parte dela. Lembrando que energia e temperatura são relacionadas, podemos, em uma linguagem equivalente, dizer que ao perderem energia diminuem sua temperatura.

Os nêutrons perdem energia por colisões com núcleos leves que tenham massa próxima à sua. Se os nêutrons rápidos, de 1 a 2 MeV, somente colidissem com prótons, seriam necessárias da ordem de 18 colisões para se resfriarem até energias térmicas. Como o próton é o núcleo do hidrogênio, podemos usar um composto que tenha aquele elemento para resfriar os nêutrons.

Assim, podemos usar com vantagem água, que tem dois átomos de hidrogênio e um de oxigênio, no estado líquido. Como a água se esquenta à medida que os nêutrons perdem energia, ela também pode ser usada como veículo de transporte de calor para fora do reator. Mas, se a água tira eficientemente energia dos nêutrons, ela também pode absorvê-los em uma taxa razoável.

Uma alternativa consiste em usar a *água pesada*, a qual é formada por um átomo de oxigênio e dois átomos de hidrogênio pesado, ou *deutério*. Este é um átomo com as mesmas propriedades químicas do hidrogênio, constituído por um dêuteron e um elétron. Porém, a massa do deutério é aproximadamente o dobro do hidrogênio e serão necessárias ainda mais colisões para resfriar os nêutrons rápidos até as energias de interesse. Como a água pesada absorve menos nêutrons que a água comum, ela é ainda um moderador eficiente, mas quando os absorve ela produz o *trítio*, que é um átomo de hidrogênio com o próton ligado a dois nêutrons. Este elemento é radioativo.

Ainda mais um moderador deve ser mencionado. Historicamente importante, o carbono na forma de blocos de grafite é menos eficiente, por exigir mais colisões para termalizar os nêutrons e por capturar nêutrons numa taxa elevada. Por razões práticas, ele foi usado na "pilha de Fermi", mencionada no início do capítulo, o primeiro reator nuclear construído como teste de viabilidade de controle e produção de energia pela fissão do urânio. Sendo sólido, a extração de calor pode ser feita também através de um gás, como o dióxido de carbono, por exemplo.

Absorvedores de nêutrons

Se somente um dos nêutrons de cada fissão do ^{235}U produzir uma fissão adicional, a cadeia de reações de fissão se manterá, sem sair de controle. O reator, em seu conjunto, estará produzindo, em um passo do processo, o mesmo número de nêutrons para novas fissões que o passo anterior. Nesse regime, o fator de reprodução do reator é igual a 1 e a reação está *crítica*. Se o fator de reprodução estiver abaixo de 1, a reação estará *subcrítica*, e se estiver acima estará *supercrítica*, o que se visa a evitar.

Para manter o reator exatamente na taxa crítica, o número de nêutrons térmicos obtido com os moderadores deve ser cuidadosamente controlado. Isso o impede de se tornar sub ou supercrítico. Como podemos, porém, controlar aquele número de nêutrons?

Há entre os elementos naturais alguns que possuem a característica peculiar de serem muito bons absorvedores de nêutrons. O cádmio e o boro têm essa propriedade.

Dessa forma, o controle do número de nêutrons térmicos pode ser feito por barras metálicas daqueles elementos, inseridas ou retiradas da região onde as fissões estão acontecendo. Se o reator estiver ficando subcrítico, as barras de controle serão lentamente levantadas até que a criticalidade seja estabelecida. No caso oposto, se o reator estiver ficando supercrítico, as barras serão baixadas para dentro do reator.

Como a taxa de produção de nêutrons varia muito rapidamente, o controle com barras de elementos absorvedores só é possível porque 1% deles corresponde aos nêutrons atrasados, ou seja, àqueles emitidos pelos fragmentos de fissão. Como sua emissão ocorre entre alguns segundos e alguns minutos após a fissão, o reator é projetado para atingir a criticalidade com nêutrons atrasados e ser subcrítico para os prontos (aqueles emitidos na fissão). As barras de controle podem ser usadas para tornar o reator crítico exatamente por causa dos nêutrons atrasados.

Usando o calor produzido

Além do moderador e das barras de controle, o reator também precisa de um mecanismo de transporte do calor produzido em seu caroço para alguma região externa onde ele possa ser usado. O elemento refrigerante é o meio pelo qual o calor é retirado e levado para fora do caroço, em geral para um gerador de vapor que, por sua vez, acionará um gerador de eletricidade. Dependendo do projeto, este elemento pode ser metal líquido, água ou um gás.

Dessa forma, a energia proveniente das fissões não gera diretamente eletricidade. Parte dela se perde e parte, depois de transformações, está na forma de energia elétrica. Quer seja produzida por uma hidroelétrica, quer por um reator, a energia que chega até sua casa pelos fios é energia elétrica.

É preciso fazer um resumo

Em um esboço, podemos então esquematizar um reator como constituído das seguintes partes básicas: a) um caroço de combustível nuclear; b) moderadores de nêutrons; c) barras de controle e segurança; d) um meio de remover o calor gerado no caroço do reator devido às fissões, em geral realizado por um resfriador. Ademais, para fins de proteção, devem-se implementar mecanismos para a blindagem da radiação.

Em geral, o combustível está na forma sólida, seja na forma de urânio metálico, seja de cerâmica como o óxido de urânio. Esse material pode ser preparado em formas diferentes como placas, pinos ou pequenas pelotas que são agrupadas em conjuntos chamados de elementos combustíveis. O caroço do reator, em geral, contém uma grande quantidade desses conjuntos em um padrão geométrico fixo por meio de uma estrutura tipo grade. Esses elementos têm um revestimento protetor para impedir que haja contato direto entre o material combustível e o agente refrigerador. Com frequência, se usa aço inoxidável e ligas de zircônio.

Por razões práticas, o moderador deve estar bem distribuído dentro da região do combustível. Há casos em que o combustível e o moderador estão completamente misturados.

Para efeitos de segurança, um reator tem, além de um conjunto de barras de controle, outro conjunto complementar que permite desligamentos rápidos em situações de emergência.

O sistema de remoção de calor é desenhado para retirar a energia térmica da região quente e levá-la para outras instalações onde o calor é usado para gerar energia elétrica, por exemplo. Em alguns projetos o agente resfriador serve também como moderador dos nêutrons, enquanto em outros, o moderador e o resfriador são materiais separados.

Nem toda a energia produzida no caroço do reator está sob a forma de calor. Uma parte dela aparece sob a forma de radiação, que precisa ser barrada pelo sistema de blindagem. A blindagem do caroço, que visa proteger o material dos efeitos da radiação, em geral é feita com revestimento de aço, enquanto a blindagem usada para proteger os seres vivos da radiação é feita, em geral, com grossas camadas de concreto. Muitos dos projetos mais modernos de reatores têm, para maior segurança, uma dupla blindagem de concreto.

Um reator não explode como uma bomba "atômica"

O fato de um reator trabalhar com fissões nucleares gera o temor de que ele possa sair de controle, tornando-se supercrítico e explodir como uma bomba nuclear. A perda de controle em reatores pode realmente causar sérios acidentes. De fato, já ocorreram vários eventos desse tipo, mas, mesmo fora de controle, não há como um reator explodir como uma bomba nuclear.

Para se ter uma explosão nuclear é preciso que a taxa de fissões seja muito alta, exponencialmente crescente, em tempo muito curto. Isso pode ocorrer em amostras quase puras de ^{235}U (ou ^{239}Pu; daí o interesse em sua obtenção como subproduto de reatores). Com urânio natural, ou mesmo com urânio enriquecido, as reações serão subcríticas e mesmo com o uso de moderadores elas ficarão perto do crítico. Dessa forma, se um reator ficar supercrítico, sem controle, o seu caroço poderá se aquecer continuamente, chegando eventualmente até o ponto de sua fusão (a chamada Síndrome da China), ou pegar fogo se ele usar grafite como moderador (Tchernobyl). Ele não explodirá como uma bomba nuclear, mas poderá dispersar o material radioativo de seu interior.

A bomba de fissão

Uma panela de pressão que tenha a válvula de escape do vapor obstruída pode vir a explodir. A chama do fogão, cedendo continuamente energia ao líquido no interior da panela, aumenta a energia cinética média de suas moléculas, aumentando também a frequência de seus choques com as paredes do recipiente. Isso se manifesta por um aumento de temperatura e pressão. A explosão ocorre quando as paredes do recipiente são incapazes de resistir à pressão interna. A tampa é então expelida violentamente. Algo semelhante ocorreu em Tchernobyl. Em uma explosão nuclear ocorre também um – brutal – aumento de pressão e de temperatura, havendo igualmente ejeção de matéria, mas o que ocorre tem natureza completamente diferente. Não há nenhuma fonte externa de energia nem paredes físicas de um recipiente para confinar o material superaquecido.

Uma explosão sem paredes confinantes necessita da concentração de uma enorme quantidade de energia em um pequeno volume e em um tempo muito curto. No caso de uma bomba nuclear de fissão (conhecida como bomba atômica ou bomba A), em lugar do fogo, a energia vem das quebras, induzidas por nêutrons, de núcleos físseis.

O número de nêutrons produzidos em cada fissão é crucial. Fosse apenas um, não ocorreria explosão, pois o tempo típico de quebra de um núcleo físsil é 10^{-14} s e, para fissionar uma molécula-grama do material, transcorreriam mais do que 10^9 s (isso se cada nêutron gerado em uma fissão fosse capaz de produzir imediatamente outra, o que não ocorre). Mesmo considerando que a energia total liberada é muito elevada, um processo que leve 10^9 s (isto é, cerca de 30 anos) está muito longe de poder ser chamado de explosivo. Núcleos como o ^{235}U ou o ^{239}Pu emitem mais do que dois nêutrons por fissão e, além disso, estes nêutrons estão na faixa de energia adequada para produzir novas fissões.

Por simplicidade, vamos imaginar que um nêutron solitário emitido por uma fonte externa dê início ao processo e que apenas dois nêutrons sejam emitidos por fissão. Após a primeira fissão, inicia-se uma cascata de fissões subsequentes, que, se mantida, findará por quebrar todos os núcleos da amostra. A figura a seguir ilustra o que ocorre ao fim de três passos. O estopim, isto é, a primeira fissão causada pelo nêutron externo, foi indicada por zero.

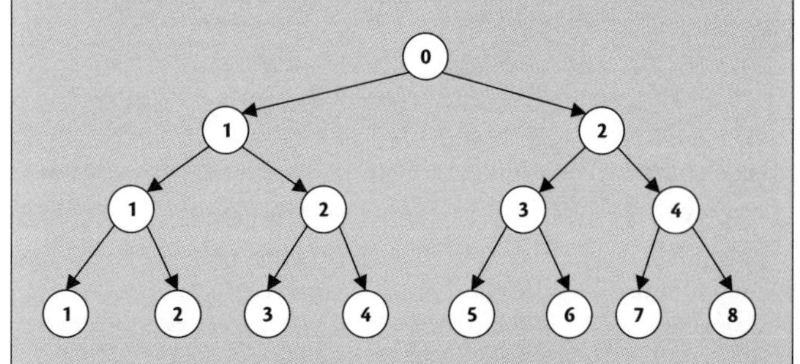

Podemos ver, como mostra a figura, que ao fim de n passos terão sido produzidas 2^n fissões. Portanto, para fissionar uma molécula-grama de material físsil (isto é, com o número de Avogadro de constituintes) precisaremos de

$$2^n = 6{,}02 \times 10^{23} \rightarrow n \approx 79 \text{ passos.}$$

Além do tempo de quebra de um núcleo, que já sabemos ser da ordem de 10^{-14} s, há outro tempo mais importante que é o tempo de trânsito do nêutron emitido até que ele atinja o próximo núcleo a ser fissionado. Este tempo é estimado em 10^{-10} s, para densidades normais do material físsil. Esse tempo determina também o tamanho mínimo – e por conseguinte a massa, denominada *massa crítica* – do material físsil para que uma explosão possa ocorrer: se a amostra é muito pequena, nêutrons escapam antes de poder causar novas fissões e, portanto, faltarão nêutrons para dar continuidade à reação em cadeia. Na verdade, a *densidade crítica* é igualmente importante: maiores densidades implicam tempos menores. Deve ser ressaltado que a configuração do material físsil é também muito relevante para o início e a continuidade da reação em cadeia.

A cascata inteira leva 79×10^{-10} $s \approx 8$ bilionésimos de segundos. Ou seja, a liberação da energia ocorre em um tempo extremamente curto. Mas, quanta energia é liberada? Bem, depende da massa. Para uma bomba com 10 quilos de plutônio, tem-se:

1) O número de núcleos contidos é:

$$6 \times 10^{23} \times 10^{4} \div 239 \approx 2,5 \times 10^{25} \textit{ núcleos.}$$

2) Como a densidade específica do plutônio é 22 g/cm^3, aquela quantidade de plutônio ocupa um volume de $10^4 / 22 \approx 450 cm^3$. Ou seja, é uma esfera com cerca de 10 cm de diâmetro.
3) Em cada fissão, é liberada uma quantidade de energia de cerca de 1 MeV por núcleon, ou seja, aproximadamente 239 MeV por núcleo. No total, obtém-se $2,5 \times 10^{25} 239 \approx 6 \times 10^{27}$ MeV, que corresponde à assombrosa quantidade de 230 trilhões de calorias.
4) Nesse pequeno volume foi concentrada uma densidade de energia de $5,1 \times 10^{11}$ *calorias / cm*^{3}, correspondendo a uma temperatura de cerca de uma centena de milhão de graus centígrados. O tempo envolvido é, como já mencionado, muito curto. Por isso, pode-se estabelecer uma relação direta entre temperatura e pressão, o que nos permite estimar a pressão no interior dessa pequena bola como igualmente cerca de 100 milhões de atmosferas. As quantidades apresentadas anteriormente foram obtidas assumindo uma eficiência de 100%, o que não ocorre. Os resultados mais realistas são dez vezes menores. Assim, a quantidade de energia liberada é cerca de 23×10^{12} calorias. Para comparar com explosivos convencionais, basta lembrar que 1 grama de TNT equivale a 1000 calorias. Assim, a energia liberada corresponde a 23.000 toneladas de TNT, ou seja, no jargão atômico, 23 quilotons.

Dessa forma, foram satisfeitos os requisitos característicos de uma explosão: pressão, temperatura e densidade de energia extremamente elevadas. Deve ser ressaltada a necessidade de material físsil (^{235}U ou ^{239}Pu) com altíssimo grau de pureza.

No caso do urânio, é necessário aumentar a concentração do isótopo 235 mediante um – custoso – processo de enriquecimento; o grau mínimo de pureza necessária é de 95%. Quanto ao plutônio, como é produzido em reatores, ele não necessita de enriquecimento.

Para a explosão ocorrer é necessário, portanto, um gatilho – uma fonte de nêutrons – e quantidade de material físsil em condições de sustentar a reação em cadeia. Há duas concepções diferentes para se conseguir isso. Em uma delas, um bloco com massa subcrítica é inserido rapidamente em outro, igualmente subcrítico; juntas, essas massas satisfazem as condições para dar início à reação em cadeia. Na outra, a condição crítica é obtida por aumento da densidade: explosivos convencionais, em uma disposição adequada, geram uma onda de compressão que leva o material físsil a atingir a densidade crítica. Para se ter controle sobre o início da explosão, o gatilho, em ambos os casos, deve atuar apenas quando for ultrapassado o limite crítico.

A "queima" do material físsil gerou pressão e temperatura altíssimas em tempo ínfimo e em um volume pequeno; externamente a essa região, a pressão e a temperatura são as do meio ambiente. Devido a essa diferença, a região quente vai se expandir gerando uma onda de choque, com a emissão simultânea de radiação eletromagnética (raios X e gama) e dos resíduos radioativos produzidos pela fissão.[3]

Água fervente, água pressurizada

Como já dissemos, reatores que trabalham com nêutrons lentos são chamados de reatores térmicos. Eles são a maioria dos reatores que produzem eletricidade para consumo.

---

3 Descrições dos programas de armas nucleares norte-americano e soviético podem ser encontradas respectivamente em JUNGK, R. *Brighter than a thousand suns*. San Diego: Harcourt Brace & Company, 1958 e HOLLOWAY, D. *Stalin e a bomba*. Rio de Janeiro: Record, 1997. Um relato pungente da vida de sobreviventes à bomba de Hiroshima encontra-se em HERSEY, J. *Hiroshima*. São Paulo: Companhia das Letras, 2002.

Entre eles, há tipos que usam água comum tanto como meio de refrigeração quanto como moderador, enquanto há tipos que usam grafite como moderador e algum gás, ou mesmo água, como refrigeração.

Nos casos em que a água é usada como refrigerador, os reatores podem ser de dois tipos: reatores de água em ebulição (BWR[4]), Figura 1, e reatores de água pressurizada (PWR[5]), Figura 2.

Dos dois, o projeto do reator BWR é o mais simples. A água entra no caroço do reator com pressões menores, temperaturas da ordem de 280 °C e entra em ebulição. O vapor de água sobre pressão produzido no caroço do reator passa diretamente pela turbina acoplada ao gerador. A eficiência desse tipo de reator é da ordem de 34%. No PWR, por sua vez, a água entra no caroço do reator a altas pressões, para não entrar em ebulição, e atinge temperaturas da ordem de 330 ⁰C. Dali ela passa por um circuito secundário de troca de calor em que é produzido vapor de água, o qual, por sua vez, aciona a turbina de um gerador. A eficiência desse tipo de reator é da ordem de 30%. Os reatores de Angra dos Reis são desse tipo.

Da mesma forma, nos reatores com moderadores de grafite trabalha-se com dois circuitos de transferência de calor. No circuito primário, algum gás como o dióxido de carbono passa sob pressão através do caroço, retirando o calor produzido. Em seguida, troca calor com um líquido que passa pelo circuito secundário, produzindo o vapor que acionará as turbinas acopladas aos geradores. Operando a altas temperaturas no gás pressurizado, esses reatores têm sua eficiência no entorno de 40%. Os reatores de Tchernobyl são desse tipo.

---

4 Do inglês: Boiling Water Reactor.
5 Do inglês: Pressurized Water Reactor.

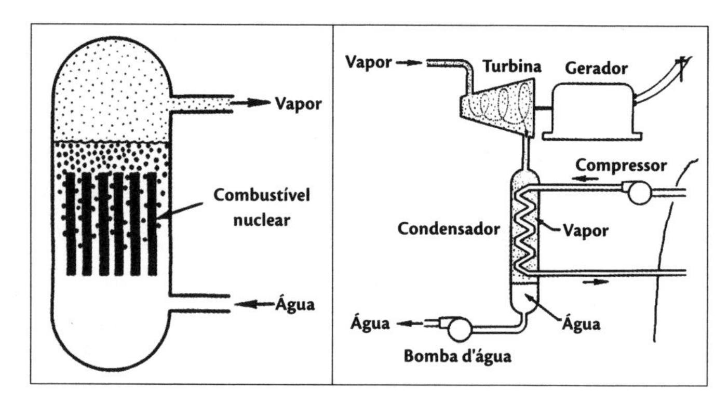

FIGURA 1 – A FIGURA DA ESQUERDA REPRESENTA UM REATOR DO TIPO ÁGUA FERVENTE. A FIGURA DA DIREITA REPRESENTA O GERADOR DE ELETRICIDADE E O TROCADOR DE CALOR COM O MEIO AMBIENTE.

Como a água pesada absorve menos nêutrons que a água comum, ela pode ser usada como um eficiente moderador e, às vezes, também como um refrigerador, como no caso do projeto canadense chamado CANDU.[6] Há projetos em que a água pesada só é usada como moderador. Nesses casos, a refrigeração do caroço pode ser feita com água comum, sob pressão ou não (modelos canadenses e italianos), ou ainda por um gás (modelos franceses).

Quando o moderador captura menos nêutrons, a concentração de ^{235}U na mistura do combustível nuclear pode ser menor. Este fato permite separar dois tipos de reatores. Os que usam água leve, ou grafite, como moderador precisam de uma concentração maior de ^{235}U, enquanto naqueles que usam água pesada a concentração é menor. De forma geral, o enriquecimento do urânio é essencial para o primeiro tipo de reator, que trabalha com concentrações de ^{235}U de cerca de 2% a 5%.[7]

6 Do inglês: CANadian Deuterium Uranium .
7 Vale observar que reatores mais compactos, os de um submarino, por exemplo, requerem taxas de enriquecimento maiores, da ordem de 20%.

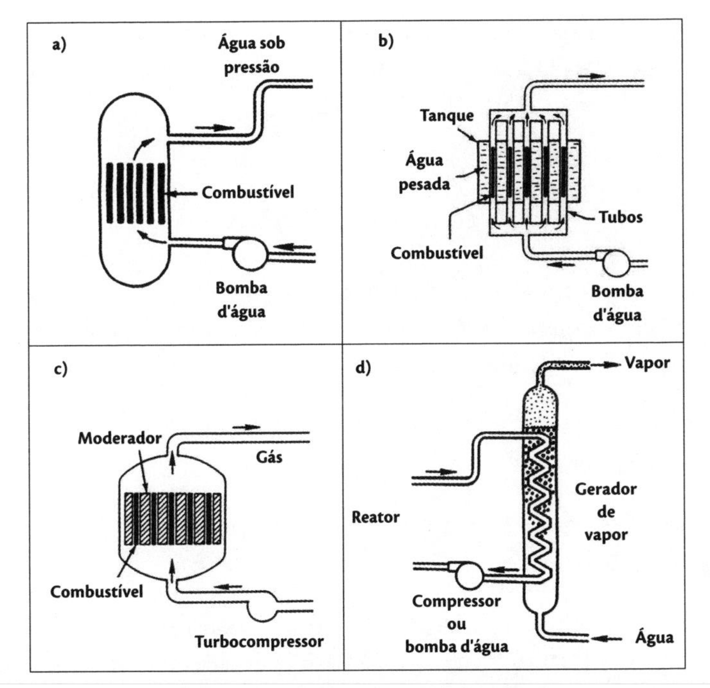

FIGURA 2 – ESQUEMAS DE UM REATOR: A) DE ÁGUA PRESSURIZADA, B) DE ÁGUA PESADA E C) A GÁS. NA FIGURA D) ESTÁ ESQUEMATIZADO UM TROCADOR DE CALOR.

Urânio natural e plutônio

Os reatores descritos anteriormente trabalham com nêutrons térmicos, isto é, de baixa energia. Há, porém, outra possibilidade, que utiliza o urânio natural composto dominantemente por ^{238}U. Com esse isótopo não há necessidade de diminuir a energia dos nêutrons. Neste caso, como já vimos, o plutônio é um subproduto das reações nucleares. Como o plutônio é um bom núcleo físsil, ele pode ser usado como combustível no reator. Esse fato permite que se projete outro tipo de reator que trabalha com urânio natural, o que é vantajoso. Assim, o uso do urânio natural permite a regeneração do combustível nuclear, por causa de sua transformação em ^{239}Pu, que é físsil.

Reatores regeneradores rápidos

Além dos núcleos que fissionam como o ^{235}U e o ^{239}Pu, há os núcleos chamados *férteis* como o tório-232 e o ^{238}U, porque, por captura de um nêutron, eles se transformam em núcleos físseis. Em particular, temos:

$$^{232}_{90}Th + ^{1}_{0}n \rightarrow ^{233}_{90}Th \rightarrow ^{233}_{91}Pa + e^{-} + \bar{\nu}_e + 1{,}2MeV$$

$$^{233}_{91}Pa \rightarrow ^{233}_{92}U + e^{-} + \bar{\nu}_e + 0{,}6MeV.$$

Nos reatores regeneradores rápidos, os combustíveis são uma combinação de elementos férteis e físseis, por exemplo, ^{238}U e ^{239}Pu, ou ^{232}Th e ^{233}U. A virtude desses reatores é que os elementos físseis, ^{233}U ou o ^{239}Pu, são produzidos em uma taxa maior que a do consumo dos elementos férteis. Este processo pode ser entendido porque, da mesma forma que o ^{233}U, o ^{239}Pu tem características que o tornam herói e vilão. Ele fissiona bem com nêutrons de alta energia, logo não precisa de um moderador, e produz, em média 2,9 novos nêutrons por fissão. Um deles é suficiente para continuar a reação em cadeia e os demais são capturados pelo ^{238}U, que, por sua vez, produz mais plutônio. Assim, apesar de usar um combustível mais barato (^{238}U), esse tipo de reator prepara mais combustível nuclear, que pode ser obtido por separação química, à custa de partir de uma mistura inicial muito rica em ^{239}Pu. Dessa forma, os elementos físseis produzidos podem ser usados como combustível no próprio reator, ou usados, após processamento, em outros reatores. Daí o nome de regenerador.

Por outro lado, o ^{239}Pu é radioativo, com meia-vida de 24.400 anos (emite partículas α) e é muito tóxico, o que torna seu manuseio muito perigoso. Outro grande problema: é um excelente material para a construção de bombas nucleares.

A tecnologia desses reatores é muito complicada. O refrigerante mais usado é o sódio líquido e não há necessidade de um moderador. Como os nêutrons são rápidos, suas energias cinéticas são muito altas. Há uma grande produção de calor no caroço do reator, que é transferido diretamente pelo sódio líquido para o trocador de calor.

Rejeitos nucleares

O combustível nuclear é transformado à medida que o reator funciona. As reações de fissão que ocorrem no caroço do reator levam à produção de uma série de elementos químicos que, por sua vez, podem ser radioativos. Alternativamente, o combustível nuclear pode também capturar nêutrons e formar elementos transurânicos, que também são instáveis. Dessa forma, no caroço do reator são formados muitos elementos químicos que são instáveis e devem decair emitindo algum tipo de radiação.

Entre os elementos formados, há os que têm meia-vida curta, de milissegundos a alguns dias, e portanto decaem e se transformam rapidamente em elementos estáveis, e outros que têm meia-vida bastante longa, ou seja, emitem radiação por milhares de anos.

De tempos em tempos, parte do combustível usado no reator é trocada. Isso é necessário para separar o material físsil reaproveitável dos demais elementos produzidos pelas reações nucleares que, algumas vezes, dificultam o funcionamento do reator. Depois de estocados, os elementos que têm meia-vida curta podem ser manipulados de forma mais direta, já que decaem rapidamente, mas os de meia-vida longa devem ser tratados de forma diferenciada. Estes elementos devem ser guardados em tambores especiais, blindados e protegidos para evitar o vazamento do material envasado e da radioatividade. Estes tambores, por sua vez, são estocados em grutas, cavernas de montanhas, ou no fundo do mar. Esse material deve esperar por milhares de anos para ser manipulado sem risco de contaminação radioativa. Na atualidade, o tratamento desses resíduos radioativos constitui um grande problema ainda sem solução.

Novas ideias

O desenvolvimento de novos materiais e novas técnicas tem servido para estimular a pesquisa em projetos de reatores que pretendem ser ao mesmo tempo mais seguros e mais eficientes que os anteriores. Entre os projetos em andamento, que se propõem como candidatos a reatores do futuro, apresentaremos apenas dois.

O reator chamado de "pebble-bed reactor", desenvolvido originalmente na Alemanha, trabalha com o conceito de inerentemente seguro. Isso significa que, à medida que ele esquenta, seu material físsil se espaça e o reator se torna automaticamente subcrítico. Seu vaso de contenção é desenhado de tal forma que, sem ajuda mecânica, ele perde mais calor do que o reator pode gerar.

Esse tipo de reator trabalha com altas temperaturas e usa gás hélio para transportar o calor do caroço diretamente para uma turbina, isto é, sem o circuito secundário de troca de calor. Isso pode ser feito porque o gás hélio quase não absorve nêutrons, e não se torna radioativo ao passar pelo caroço do reator. A eficiência desse tipo de reator é aumentada por trabalhar com um gás a altas temperaturas, já que é diminuída a perda de energia, eliminando o ciclo de troca de calor.

Os elementos ("pebbles"), que contêm o combustível, têm a forma e o tamanho de uma bola de tênis, pesando cerca de 200 gramas cada, sendo 9 gramas de urânio. São necessárias 380.000 delas para abastecer um reator de 120 MW.[8] Cada bola é uma esfera oca de um preparado especial de grafite, que funde a 3.000 °C, mais de duas vezes a temperatura de funcionamento do reator. No interior dela são colocadas 15.000 pequenas esferas fortemente blindadas, que contêm os elementos físseis na forma de óxidos metálicos ou carbetos. A região central de cada esfera tem 0,5 mm, sendo envolvida por 4 camadas de material isolante, que também funcionam como moderador. Esta é uma das razões da segurança do reator.

Uma segunda vertente no desenvolvimento de reatores visa a combinar o uso do tório, ^{232}Th, como combustível nuclear e, ao mesmo tempo, lidar com os elementos pesados transurânicos, em particular, o netúnio, o amerício e o curium. Esses nuclídeos têm meias-vidas longas e, por isso, precisam ser tratados de maneira especial quando são separados dos elementos combustíveis do reator.

A proposta apresentada por C. Rubia sugere o uso de aceleradores de partículas como solução para as duas questões.

Em Física, uma das maneiras mais importantes de obter informação sobre a estrutura e o comportamento dos sistemas é pelo uso de aceleradores de partículas. Estes são equipamentos utilizados para dar energia cinética a partículas e jogá-las, de modo controlado, sobre alvos cuja estrutura quer-se investigar. Na colisão podem ser liberadas partículas existentes no alvo ou no projétil, ou mesmo criadas novas partículas.

Como tratamos de reações nucleares de fissão induzidas por nêutrons, eles podem ser obtidos através de reações produzidas em tais aceleradores. Colisões de prótons de alta energia com alvos constituídos por núcleos pesados produzem nêutrons em uma relação crescente com a energia do

8 1 MW (Megawatt) = 10^6 joules/s.

próton. Desses nêutrons, os que não são capturados podem produzir fissão. Assim, envolvendo-se o alvo com material físsil, ou com ^{232}Th que gera o ^{233}U, o qual é físsil, tem-se a possibilidade de reações de fissão sustentadas.

Este reator é subcrítico, funcionando com nêutrons produzidos tanto pelas reações de prótons com o alvo quanto pelas fissões. Dessa forma, o controle de seu funcionamento não se dá pela inserção de barras de absorvedores, mas pelo controle do feixe de prótons que produz os nêutrons.

O segundo papel desse sistema seria como incinerador de sobras radioativas de meia-vida longa de reatores. Em geral, essas sobras são de transurânicos. Nesse caso, envolve-se o alvo produtor de nêutrons com combustível já processado por reatores convencionais e, por absorção dos nêutrons e subsequente fissão, são produzidos elementos de meia-vida mais curta. Estes são mais fáceis de manipular e estocar do que os transurânicos.

O Projeto Manhattan

Logo nos prenúncios da Segunda Guerra Mundial, alguns físicos europeus foram para os Estados Unidos levando a perspectiva de que talvez fosse possível produzir energia em escala jamais imaginada. L. Szilard, o primeiro proponente das reações em cadeia, e E. Fermi iniciaram pesquisas nesse sentido. Como soubessem que os alemães também tinham conhecimento do potencial energético dos materiais físseis, Szilard e E. Wigner convenceram Einstein a escrever uma carta ao presidente dos Estados Unidos, F. D. Roosevelt. Nessa carta, Einstein chamava a atenção para as perspectivas que se abriam na chamada era nuclear.

O relatório de R. Peierls e O. Frisch, enviado da Inglaterra para os Estados Unidos em total segredo, mudou totalmente o panorama da situação. Nesse relatório, eles mostravam que era possível obter uma reação nuclear explosiva a partir de quantidades razoáveis de material físsil. Mostravam também como purificar ^{235}U a partir do urânio natural e como poderia ser feita uma bomba.

Logo após, E. Fermi construiu o CP-1 (Chicago Pile-1), o primeiro reator nuclear. Ele funcionava com urânio natural, moderador de grafite e era refrigerado a água. Estava provado, assim, que a obtenção de energia de forma controlada por reatores era viável. Mas, também ficou claro que era possível obter o ^{239}Pu, que é um elemento com o qual se pode construir bombas nucleares. Sua obtenção em quantidade suficiente para bombas dependia agora da construção de reatores de tamanho adequado.

Com base nesses resultados, o governo americano criou o Projeto Manhattan, que tinha como objetivo construir bombas de fissão. A equipe de cientistas aliados, em esforço enorme e concentrado ao longo de três anos, entendeu os princípios básicos do funcionamento de reações em cadeia e projetou dois tipos diferentes de bombas nucleares. Paralelamente, projetaram e construíram instalações necessárias para separar o ^{235}U do urânio natural por difusão gasosa e produziram o ^{239}Pu por separação química a partir do combustível consumido em reatores nucleares construídos para esse fim. Obtiveram material suficiente para fazer inicialmente três bombas.

Trinity foi o nome em código do primeiro teste em Alamogordo, Novo México. Era uma bomba de plutônio. A bomba lançada sobre Hiroshima, denominada Little Boy, era feita de urânio. Sobre Nagasaki foi lançada a bomba Fat Man, feita de plutônio.

Nada mais revelador do significado daquele terrível momento histórico, do que a manifestação de R. Oppenheimer, coordenador científico do Projeto Manhattan, quando foi dominado pela imagem da explosão em Trinity. Ele teria recitado um trecho do Bhagavad-Gita, épico hindu: "... Se mil sóis brilhassem ... Sou a Morte, destruidora de mundos....". A outra face da era nuclear havia se mostrado.

A natureza é surpreendente

O projeto do reator CP-1, desenvolvido e posto em funcionamento por Fermi e colaboradores, revela o grau de conhecimento e sofisticação técnica que se atingiu modernamente no que diz respeito à física do núcleo dos átomos. Porém, tão elaborado aparato parece não ter sido o primeiro a funcionar na face da Terra. Tudo indica que o reator de Fermi foi antecipado em aproximadamente dois bilhões de anos, no Gabão, costa oeste da África. Aí, em local hoje chamado Oklo, funcionou um reator natural.

Atualmente, há indicações bastante seguras de que, no período pré-cambreano, houve uma configuração geológica com características geométricas favoráveis de veios de minério de urânio na concentração certa, circundados por camadas porosas de rocha permeadas com água, que permitiu uma configuração crítica do conjunto e o seu funcionamento como um reator moderado e resfriado por água.

O aspecto interessante dessa configuração é que, há dois bilhões de anos, a concentração de ^{235}U na composição do mineral de urânio era da ordem de 3%, maior que atualmente. Nessa remota época, havia mais ^{235}U, porque a meia-vida do ^{235}U é seis vezes menor que a do ^{238}U. Dessa forma, o número de núcleos de ^{235}U diminui muito mais rapidamente que o de ^{238}U. Três por cento é a concentração típica dos reatores atuais. Em Oklo, o enriquecimento adequado do urânio ocorreu naturalmente.

A análise dos produtos de fissão e os valores das suas meias-vidas indicam que houve fissão do ^{235}U, bem como produção do ^{239}Pu por captura de nêutrons pelo ^{238}U. Provavelmente, o reator de Oklo não funcionou de forma contínua, mas em intervalos de operação determinados pela potência produzida, pela pressão, temperatura e fluxo da água suprida pelo meio ambiente.

Por uma circunstância fascinante, a Natureza já havia ensaiado um reator nuclear. Onde mais teria Ela feito incursões?

4 ... Mas juntar também

Ora (direis) ouvir estrelas!
Olavo Bilac

Uma estrela

Uma estrela. Nossa estrela. Nosso Sol. Essa lanterna que ilumina nossas manhãs é responsável pelo aparecimento e manutenção da vida na Terra. O Sol formou-se a partir da condensação, induzida pela gravidade, de uma nuvem gasosa constituída basicamente de hidrogênio (90%) e hélio (9%).

Exceto pela importância que tem para nós, o Sol é apenas mais uma estrela, como inúmeras outras espalhadas pelo Cosmos (ver Figuras 1 e 2). O Sol é uma estrela já na meia-idade: tem cinco bilhões de anos e estima-se que viverá ainda outro tanto. Ao longo de todos esses anos de vida, o Sol forneceu energia constantemente e uma questão que intrigou a mente dos seres humanos durante séculos é a origem da energia dessa usina cósmica.

Alguns dados sobre o Sol ajudam a entender um pouco melhor essa perplexidade:

1. Massa: $1{,}99\times10^{30}$ kg, que corresponde a cerca de 10^{57} átomos de hidrogênio;

2. Raio: $6{,}96 \times 10^8$ m, ou seja, tem um volume cerca de oitocentas mil vezes maior que o da Terra;
3. Luminosidade: $3{,}90 \times 10^{26}$ joules/s, que é uma potência equivalente a $3{,}9 \times 10^{16}$ usinas de Itaipu;
4. Temperatura: $1{,}5 \times 10^7$ °C é a temperatura estimada do interior solar, que é cerca de dez mil vezes a temperatura de um alto-forno.

Em outras palavras, os dados relativos ao Sol são literalmente astronômicos.

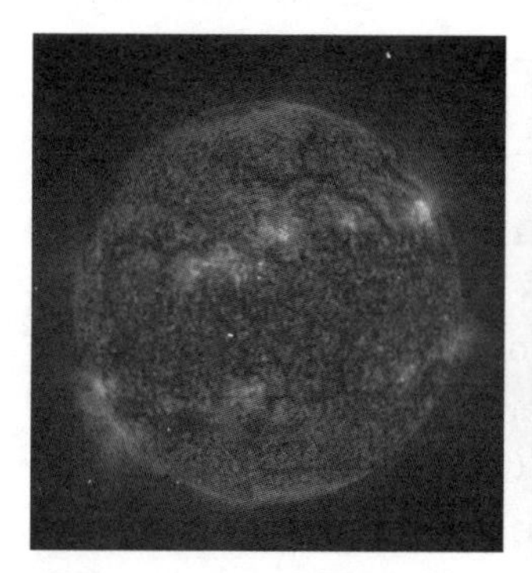

FIGURA 1 – O SOL É APENAS UMA DAS ESTRELAS DA VIA LÁCTEA. EXISTEM CERCA DE 100 BILHÕES DE ESTRELAS EM NOSSA GALÁXIA.

FIGURA 2 – GALÁXIAS NO AGLOMERADO GALÁCTICO CL1358, DISTANTE CERCA DE 5 BILHÕES DE ANOS-LUZ. ESTIMA-SE QUE HAJA PELO MENOS 100 BILHÕES DE GALÁXIAS NO UNIVERSO.

No início do século XX, vários cientistas elaboraram modelos para tentar entender o funcionamento do Sol. A imensa produção de energia solar logo deixou claro que processos até então desconhecidos deveriam estar agindo. Começava também, nessa época, o desvendar dos segredos do mundo do muito pequeno, onde as escalas de energia envolvidas permitiam vislumbrar uma fresta para a compreensão desse fenômeno.

A energia do Sol não pode ter origem química

Lembrando que um grama de carvão em pedra libera ao queimar 7.000 calorias, isto é, cerca de 29.000 joules, podemos estimar que o Sol, se extraísse sua energia do carvão, consumiria em um segundo $1{,}32 \times 10^{19}$ quilos de combustível. O Sol teria então esgotado o seu combustível em cerca de *cinco mil* anos:

$$\frac{\textit{Massa Solar}}{\textit{Massa de carvão consumida por segundo}} =$$

$$= \frac{1{,}99 \times 10^{30}\ kg}{1{,}32 \times 10^{19}\ kg/s} \approx 1{,}5 \times 10^{11}\ s \approx 5.000\ anos$$

Estabilidade dos elementos leves

Vimos anteriormente que há um ganho de energia quando núcleos mais leves que o ferro se fundem. Isso significa que, da fusão, podem resultar núcleos com maior energia de ligação por constituinte e, portanto, mais estáveis. Em uma reação de fusão, dois núcleos colidem, dando origem a outro núcleo, partículas e liberando energia:

$$\text{Núcleo}_1 + \text{Núcleo}_2 \rightarrow \text{Núcleo}_3 + \text{outras partículas} + \text{energia.}$$

Este, porém, não é um processo que possa ocorrer sem mais nem menos, pois os núcleos dos átomos são carregados positivamente e, para se aproximarem o suficiente a fim de que a fusão possa ocorrer, precisam ter energia para vencer a repulsão eletrostática. A história completa é, de fato, ainda mais complicada. Do ponto de vista da física clássica, isto é, da física pré-século XX, a chance de dois objetos punti-formes, com cargas de mesmo sinal, chegarem tão próximos a ponto de fundirem é nula. Mas, no mundo do muito pequeno as coisas ocorrem de modo diferente e processos proibidos na física clássica têm agora certa probabilidade de ocorrer.

Um dos resultados mais espetaculares da então nascente mecânica quântica foi obtido em 1928 por George Gamow, um físico russo radicado nos Estados Unidos.[1] Ele derivou uma expressão matemática mostrando que era diferente de zero a probabilidade de duas partículas carregadas vencerem a repulsão coulombiana, chegarem muito próximas e fundirem. Assim, para que dois prótons possam juntar-se formando um dêuteron (ver Figura 3), não é mais necessário que tenham, no mínimo, a energia para sobrepujar a barreira devido à repulsão coulombiana de suas cargas positivas, pois há uma probabilidade não nula de que isso ocorra, mesmo para valores menores que essa energia mínima. Manifesta-se aqui o caráter probabilístico da mecânica quântica, mencionado anteriormente: tudo o que não for intrinsecamente proibido pode ocorrer, mesmo que com probabilidade diminuta. Todos os processos que possam levar à fusão dos dois prótons dentro do Sol têm de ser levados em conta. Ademais, a fusão é tão mais fácil de ocorrer, quanto menor for a carga das partículas envolvidas. Por exemplo, em uma dada energia, dois prótons (cada um com uma unidade elementar de carga elétrica) fundem-se mais facilmente do que dois núcleos de hélio, cada um contendo dois prótons.

1 Além de cientista criativo e brilhante (é dele a proposta de que o Universo começou com uma grande explosão, o Big-Bang), Gamow é autor de deliciosos livros de divulgação científica. *O incrível mundo da Física moderna* (Ibrasa, São Paulo, 1965) é uma edição contendo duas aventuras do personagem Mr. Tompkins: "Mr. Tompkins in Wonderland" e "Mr. Tompkins Explores the Atom"; e *One, Two, Three ... Infinity – Facts and Speculations of Science* (Dover Publications, New York, 1988).

Uma estimativa

Podemos estimar a energia mínima necessária, do ponto de vista da física clássica, para que dois prótons não puntiformes possam fundir-se, calculando quanta energia é gasta para trazê-los desde o infinito até se encostarem. Essa energia é:

$$E_F = 9\times10^9 \times \frac{e^2}{2r_p} = 1{,}15\times10^{-13} \text{ joules} = 0{,}72 \text{ MeV}$$

onde $e = 1{,}6\times10^{-19}$ C é a carga do próton e $r_p = 1\times10^{-15}$ m é o raio do próton. Pela conservação da energia, essa é também a energia cinética mínima que, classicamente, esses dois prótons necessitam ter para sobrepujar a repulsão coulombiana e se tocar.

Lembrando que à energia cinética média de um conjunto de partículas podemos associar uma temperatura T dada por:

$$E_F = \frac{3}{2}k_B T,$$

obtemos que, se tal "fusão" ocorresse, a temperatura dos prótons no interior do Sol teria de ser cerca de $5{,}6\times10^9$ °C. Confrontando este valor com a temperatura do interior do Sol, $1{,}5\times10^7$ °C, fica claro que uma abordagem usando apenas conceitos da física pré-século XX, isto é, sem usar a mecânica quântica, é insuficiente para explicar a origem da energia solar.

Não apenas sólido, líquido e gasoso

As temperaturas reinantes no Sol são tão altas que não pode haver átomos no seu interior. A agitação térmica é intensa, a energia cinética das partículas elevada e as inúmeras colisões despem o átomo, arrancando seus elétrons, dando origem a um aglomerado de cargas positivas (núcleos atômicos: prótons, dêuterons, hélio etc.) e elétrons. Esse gás composto por partículas positivas e negativas em altas temperaturas é chamado plasma, que é o quarto estado de agregação da matéria. Um exemplo corriqueiro de um plasma pode ser encontrado nas lâmpadas de neônio, os tubos responsáveis pela luz nos anúncios luminosos espalhados pela cidade. Nelas, uma descarga elétrica muito forte ioniza os átomos do gás neônio, resultando em um conjunto globalmente neutro de elétrons e átomos positivamente ionizados.

Queimando H

O Sol é, como já vimos, resultado da condensação, ocasionada pela atração gravitacional, de uma nuvem gasosa constituída essencialmente por prótons. A compressão gravitacional funciona como um estopim, aproximando os prótons até que ocorram as condições para dar início à fusão, com a consequente liberação de energia. Daí em diante, ocorre um equilíbrio entre a pressão gravitacional e a contrapressão causada pela energia liberada na fusão. A massa existente no corpo sideral é determinante em sua vocação a tornar-se ou não uma estrela. Para que ocorram as condições mínimas necessárias para a fusão, o candidato a estrela deve ter pelo menos um décimo da massa solar. Júpiter, por exemplo, uma enorme bola de hidrogênio e o maior planeta do sistema solar, não é grande o suficiente, pois sua massa é mil vezes menor que a do Sol.

A Figura 5 do Capítulo 2 nos mostra que o ${}^{4}_{2}He$ tem muita energia de ligação por partícula e, dessa forma, a fusão de prótons dando origem ao hélio é uma maneira eficiente para a Natureza satisfazer seus próprios reclamos de maximizar a energia de ligação por partícula, liberando, por consequência, energia.

A conversão direta de quatro prótons em ${}^{4}_{2}He$:

$${}^{1}_{1}p + {}^{1}_{1}p + {}^{1}_{1}p + {}^{1}_{1}p \rightarrow {}^{4}_{2}He + e^{+} + e^{+} + \nu_{e} + \nu_{e} + 25{,}7MeV,$$

produzindo adicionalmente dois *pósitrons* e dois neutrinos seria um processo muito conveniente, pois liberaria muita energia de uma só vez. Ocorre, porém, que esse processo não é relevante, pois, na prática, a chance de quatro prótons colidirem é extremamente pequena. Mais importante, é o caminho até o $^{4}_{2}He$ em etapas (ver Figura 3). Em um primeiro passo, dois prótons colidem dando origem a um dêuteron, um pósitron e um neutrino:[2]

$$^{1}_{1}p + ^{1}_{1}p \rightarrow ^{2}_{1}H + e^{+} + \nu_{e} + 0{,}4MeV \cdot$$

O número de dêuterons é muito pequeno comparado com o de prótons. Assim, em vez da reação envolvendo dois dêuterons, a colisão de prótons e dêuterons é muito mais provável:

$$^{1}_{1}p + ^{2}_{1}H \rightarrow ^{3}_{2}He + \gamma + 5{,}5MeV \cdot$$

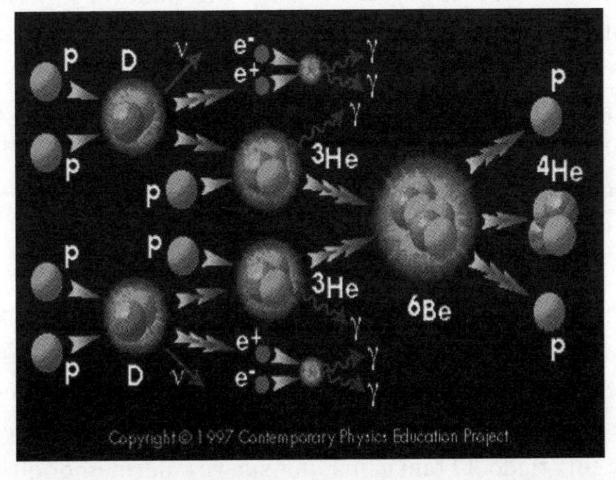

FIGURA 3 – SEQUÊNCIA DE REAÇÕES NUCLEARES LEVANDO À FORMAÇÃO DO ^{4}HE, A PARTIR DE REAÇÕES P-P. DEVE SER OBSERVADO QUE A FUSÃO DE DOIS PRÓTONS NÃO DÁ ORIGEM AO NÚCLEO $^{2}_{2}He$, POIS ELE É INSTÁVEL; UM DOS PRÓTONS SOFRE DECAIMENTO BETA TRANSFORMANDO-SE EM UM NÊUTRON E LIBERANDO UM NEUTRINO E UM PÓSITRON.

2 A produção do isótopo $^{2}_{2}He$ do hélio não ocorre, pois esse núcleo teria massa maior que a soma de seus constituintes, não podendo portanto existir (ver Figura 3 do Capítulo 2).

A reação do recém-produzido hélio-3 com próton dá origem a um isótopo do lítio, o lítio-4, extremamente instável, que se quebra logo em seguida, restaurando o próton e o hélio-3. Assim, só resta a eles esperar até encontrar outro hélio-3:

$$ {}_{2}^{3}He + {}_{2}^{3}He \rightarrow {}_{2}^{4}He + {}_{1}^{1}p + {}_{1}^{1}p + 12{,}9MeV $$

produzindo finalmente o hélio-4. Os pósitrons e os elétrons aniquilam-se, produzindo 1,02 MeV adicionais de energia:

$$ e^{+} + e^{-} \rightarrow \gamma + \gamma + 1{,}02MeV \cdot $$

A energia total liberada nessa sequência de reações perfaz um total de *26,7 MeV*, que corresponde a $4{,}3 \times 10^{-12}$ joules. Uma parte dessa energia (cerca de 25 MeV) aquece a estrela e o restante é levado embora pelos neutrinos. Para manter a atual produção de energia do Sol, *600* milhões de toneladas de hidrogênio por segundo estão sendo transformadas em hélio.

Os neutrinos, devido à sua baixa capacidade de interação, saem quase imediatamente do interior solar. Um raio γ, por sua vez, leva cerca de dez milhões de anos para atingir a superfície solar, por causa do enorme número de colisões que sofre no caminho. Um neutrino carrega informações precisas sobre o interior solar, sobre a situação física em que foi criado. O raio gama, por sua vez, desmemoriou-se nos inúmeros desvios de caminho que efetuou. É por essa razão que a construção de "telescópios" de neutrinos abriu as portas de uma nova era no entendimento da física do interior do Sol.

Em estrelas mais quentes do que o nosso Sol, outro tipo de reações é mais importante. Essas reações constituem um ciclo no qual um total de quatro prótons e um núcleo de carbono-12 são transformados em hélio-4 e carbono-12. Nesse ciclo, vão sendo sucessivamente criados e consumidos nitrogênio e oxigênio, daí esse conjunto de reações ser denominado ciclo CNO. A quantidade de energia liberada no ciclo CNO é essencialmente a mesma que nas reações iniciadas apenas com prótons descritas anteriormente.

Restos de estrelas

Consumido todo o hidrogênio existente na estrela, as cinzas do processo de fusão passam a ser então combustível. À medida que as estrelas envelhecem, sua temperatura aumenta o suficiente para que núcleos com maior carga, ao colidir, possam formar núcleos com massa cada vez maior. Núcleos de hélio fundem-se então dando origem ao carbono e assim por diante. O processo continua até que a estrela tenha queimado todo o combustível disponível, sendo então formada por núcleos de ferro – o núcleo mais estável, situado no ponto máximo da Figura 5 do Capítulo 2. A fusão não é mais energeticamente favorável e núcleos atômicos de maior massa que a do ferro passam a ser produzidos por captura de nêutrons.

Cessando a fusão, cessa também a produção de energia na estrela, não havendo mais resistência oposta à compressão gravitacional. A estrela colapsa e seu destino final depende mais uma vez de sua massa. Estrelas como o nosso Sol terminarão seus dias como uma anã branca, um objeto extremamente denso, com raio da ordem do raio da Terra. Estrelas maiores, com cerca de dez massas solares, continuam o processo de compressão, atingindo densidades tais que os núcleos que as constituem interpenetram-se, colocando em contato os prótons e os nêutrons que os formam. Essa sequência de eventos é tão rápida e libera tanta energia, que a estrela explode violentamente, tornando-se uma supernova, uma estrela tão luminosa quanto uma galáxia inteira, e espalhando seus restos pelo Cosmos. Os chineses descreveram um desses fenômenos no século XI e mais recentemente, em 1987, os observatórios detectaram a explosão de uma estrela localizada na Nuvem de Magalhães, uma galáxia satélite da nossa Via Láctea. A observação óptica foi precedida de um intenso pulso de neutrinos, previsto para ocorrer na explosão de uma supernova, quando os elétrons e prótons no caroço da estrela juntam-se dando origem a nêutrons e neutrinos.

Excetuando o hidrogênio, os demais núcleos atômicos que constituem os átomos do nosso corpo foram produzidos em fornalhas estelares. É bastante poético e cientificamente correto dizer que somos poeira de estrelas.

Sol na Terra

A fusão nuclear é uma fonte de energia abundante; não é à toa que a Natureza a escolheu como forma primária de geração de energia Universo afora. A obtenção de fusão nuclear controlada na Terra tem, porém, que utilizar métodos distintos do utilizado nas estrelas. Afinal, o confinamento gravitacional, solução encontrada por Ela para a contenção do plasma violentamente quente produzido no interior estelar – que é ao mesmo tempo o estopim de todo o processo de fusão –, é impraticável aqui na Terra, no mínimo por demandar massas de pelo menos 10% da massa solar. Ademais, o processo todo é muito lento; o período de formação do Sol, anterior à ignição, durou bilhões de anos.

As reações adequadas para produção de energia através da fusão nuclear devem, na Terra, ser outras, assim como outro deve ser o processo de confinamento do plasma. Em particular, o dêuteron, cuja fusão não foi considerada no caso estelar, é aqui relativamente abundante, pois ele é encontrado na água sob a forma de D_2O, água pesada. Para cada 6.500 átomos de hidrogênio, encontra-se um de deutério. Se levarmos em conta que o volume dos oceanos é de $1{,}4 \times 10^{18}\, m^3$, podemos considerar o dêuteron um combustível literalmente inesgotável. Ademais, a separação do dêuteron existente na água do mar é relativamente simples, pois sua massa é cerca do dobro da massa do hidrogênio.

Outro isótopo do hidrogênio, o ^3_1H, denominado trítio, também é muito conveniente. O trítio, porém, tem uma vida média de apenas 12,4 anos, não existindo mais na Natureza em quantidades significativas.

As reações de fusão envolvendo dêuterons são:

$$^2_1H + ^2_1H \rightarrow ^3_2He + ^1_0n + 3{,}3MeV,$$

$$^2_1H + ^2_1H \rightarrow ^3_1H + ^1_1p + 4{,}0MeV.$$

Tendo sido produzidos ^3_2He e trítio, de suas reações com o dêuteron resultam:

$$^2_1H + ^3_2He \rightarrow ^4_2He + ^1_1p + 18{,}4MeV,$$

$$^2_1H + ^3_1H \rightarrow ^4_2He + ^1_0n + 17{,}6MeV.$$

Assim, o único combustível que deve ser fornecido inicialmente é o dêuteron, pois o restante é produzido no processo.

Mas não é tão simples

Produzir energia, aqui na Terra, a partir de uma sequência de reações, como as descritas antes, é tecnologicamente complexo. Afinal, estamos lidando com um plasma a altas temperaturas e, como veremos em breve, ainda estão sendo buscadas maneiras para mantê-lo estável e confinado dentro das paredes de um recipiente. Por isso, mais conveniente é um processo em apenas uma etapa. Desse ponto de vista, a reação envolvendo dêuteron e trítio é bastante promissora, inclusive por produzir mais energia do que as que envolvem apenas dêuterons (ver Figura 4).

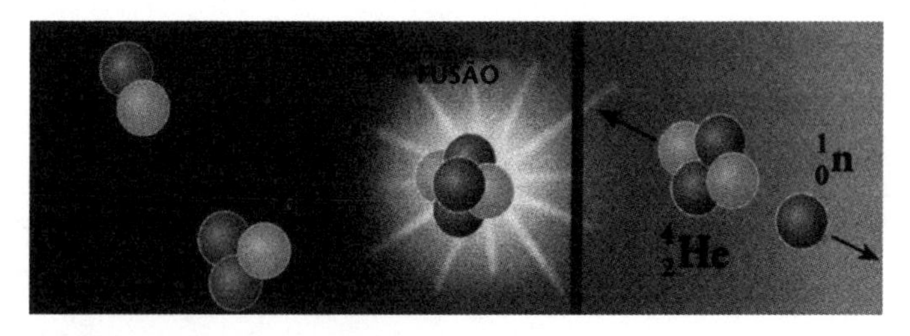

FIGURA 4 – REPRESENTAÇÃO ESQUEMÁTICA DA FUSÃO DO DÊUTERON (^2H) COM O TRÍTIO (^3H).

Problemas são a escassez de trítios e o fato de essa reação produzir nêutrons como subproduto. Os nêutrons produzidos são energéticos (eles carregam cerca de 80% da energia total produzida na reação) e podem ser absorvidos pelas paredes do recipiente que envolve o reator, tornando-as radioativas. Outra dificuldade é que nêutrons com energia nessa faixa não conseguem transferi-la eficientemente a um líquido refrigerante. Felizmente, há outra reação de fusão capaz de absorver o nêutron produzido, restaurar o trítio e ainda produzir mais energia:

$$^6_3Li + ^1_0n \rightarrow ^4_2He + ^3_1H + 4{,}8 MeV.$$

O lítio é suficientemente abundante – embora menos que o deutério –, sendo ainda um combustível interessante.

Os outros 20% da energia produzida na reação (dêuteron + trítio) são carregados pelo hélio que a transfere, por colisões, às demais partículas que constituem o plasma, contribuindo para a manutenção de sua alta temperatura. Quando a energia fornecida dessa maneira é suficiente para que a temperatura do plasma mantenha as reações de fusão ocorrendo, diz-se que ocorreu a ignição do plasma.

As reações (dêuteron + trítio) e (lítio + nêutron) produzem em conjunto apenas hélio e 22,4 MeV de energia. O lítio tem aqui papel múltiplo: a) funciona como absorvedor dos nêutrons produzidos, b) regenerador dos trítios e, c) permite a transferência da energia produzida nas reações de fusão para uma turbina, através das colisões do hélio e do trítio com o lítio.

A bomba de fusão

O pequeno Sol que brilha durante a explosão de uma bomba de fissão, com seus cerca de 100 milhões de graus, é ambiente propício para reações de fusão de núcleos leves. Este fato a elege como um estopim adequado para a bomba de fusão de isótopos de hidrogênio (conhecida como bomba H). Como é possível obter deutério e produzir trítio, isso os faz combustíveis ideais para bombas desse tipo. No estado natural, porém, eles são gasosos, o que torna a construção da bomba muito complexa tecnologicamente, uma vez que seria necessário liquefazê-los. Caso assim fosse feito – e o foi uma vez –, o aparato final deveria incluir um liquefator e um sistema de refrigeração dificultando o transporte.

A solução final para este problema do combustível foi encontrada por A. Sakharov e, independentemente, por E. Teller e S. Ulam. Eles perceberam que há um composto *sólido*, o deutereto de lítio $\left({}^{6}_{3}Li^{2}_{1}H\right)$, que tem os requisitos ideais para ser o material explosivo para a construção da bomba. Basicamente, porque 1) o lítio, ao capturar um nêutron no ambiente de altas temperaturas produzido pela explosão da bomba de fissão, gera ${}^{4}_{2}He$ e ${}^{3}_{1}H$ (trítio) e 2) neste composto já há dêuterons. As reações que ocorrem, já as conhecemos:

$${}^{6}_{3}Li{}^{2}_{1}H + n \rightarrow {}^{4}_{2}He + {}^{3}_{1}H + {}^{2}_{1}H + 4{,}8MeV$$

$${}^{3}_{1}H + {}^{2}_{1}H \rightarrow {}^{4}_{2}He + n + 17{,}6MeV$$

A reação imediatamente acima representa a fusão do deutério e do trítio, agora disponíveis, no ambiente de altas temperaturas. A energia total liberada nesse processo é *4,8+17,6 = 22,4* MeV. Em comparação com o que ocorre no caso da fissão, é produzida neste caso *2,5* vezes mais energia por núcleon. Em outras palavras, é isso que torna a bomba de fusão muito mais poderosa: é gerada muito mais energia por quantidade de matéria que no caso da bomba de fissão. Uma bomba de fusão libera energia na faixa de milhões de toneladas de TNT (megatons).

Uma sutil característica da Natureza permitiu à imaginação humana a perversa concepção de outro tipo de bomba de poder ainda mais destrutivo. O ${}^{238}U$ é mais eficientemente físsil por nêutrons exatamente da faixa de energia dos produzidos nas reações de fusão de deutério e trítio. Logo, basta usar algumas toneladas de ${}^{238}U$ como envoltório da bomba de fusão. Adicionalmente, o urânio também é um bom refletor de nêutrons. Assim, se não fissionar, o urânio reflete os nêutrons, que irão realimentar as reações de fusão. Com base nisso, foram construídas bombas de fissão-fusão-fissão, de poder muito mais destrutivo, sendo também extremamente sujas do ponto de vista de produção e dispersão de resíduos radioativos, devido à grande quantidade de ${}^{238}U$.

A tecnologia para produção de bombas de fusão é extremamente complicada e poucos países a dominam.

Confinar é preciso

O grande nó na geração de energia a partir de reações de fusão reside nas altíssimas temperaturas do plasma. Para que a fusão possa ocorrer, o plasma deve atingir temperaturas da ordem de 100 milhões de graus. Essa temperatura deve ser mantida por um tempo suficientemente longo (em torno de 1 a 10 segundos), para que a produção de energia seja viável.

Há uma correlação entre o tempo de confinamento e a densidade dos íons. É o chamado critério de Lawson. Esse critério informa que a fusão autossustentada só pode ocorrer se o produto da densidade dos íons pelo tempo de confinamento for maior do que 10^{14} segundos por centímetro cúbico. Uma estrela é nada mais nada menos que uma manifestação cósmica desse critério.

Como qualquer material funde a milhares de graus, inexiste recipiente cujas paredes sejam capazes de conter o plasma nas temperaturas em que a fusão ocorre e muito menos pelo tempo necessário para que a fusão ocorra de forma sustentada. É necessário, portanto, buscar mecanismos que mantenham o plasma sem encostar nas paredes e que impeçam os produtos da fusão de atingi-las. A Natureza encontrou o seu próprio jeito: confinamento gravitacional. Mas, Ela tem a seu dispor grandes massas, espaço, tempo e ... paciência.

Garrafa magnética

Partículas carregadas em movimento descrevem uma trajetória helicoidal em torno da direção de um campo magnético externamente aplicado (ver Figura 5).

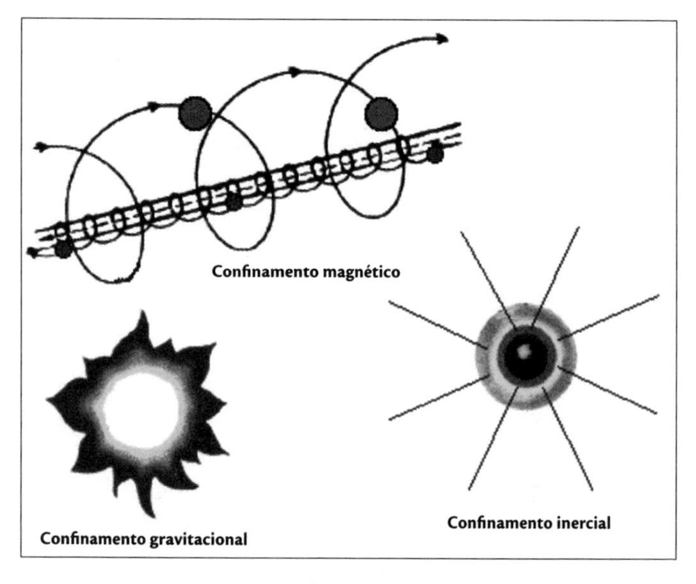

FIGURA 5 – MANEIRAS DE OBTENÇÃO DO CONFINAMENTO DE UM PLASMA. NO CASO DO CONFINAMENTO MAGNÉTICO, AS DUAS TRAJETÓRIAS COM RAIOS E SENTIDOS DISTINTOS CORRESPONDEM AOS NÚCLEOS ATÔMICOS, PARTÍCULAS DE MAIOR MASSA E CARGA POSITIVA (RAIO MAIOR), E AOS ELÉTRONS, MENOR MASSA E CARGA NEGATIVA (RAIO MENOR). NO CASO DO CONFINAMENTO INERCIAL, LASERS OU FEIXES DE ÍONS PESADOS INCIDEM SIMETRICAMENTE SOBRE UMA ESFERA CONTENDO DEUTÉRIO E TRÍTIO.

Uma configuração desse campo magnético que force as partículas do plasma a descrever uma trajetória fechada talvez consiga mantê-las juntas durante tempo suficiente para que o plasma se estabilize. Um fio enrolado em torno de um cilindro produz um campo magnético uniforme no eixo do cilindro; se os extremos desse cilindro são unidos, obtém-se um toro, figura semelhante a uma "rosquinha de leite", cujo campo magnético, como o recheio de geleia da rosquinha, é fechado em si mesmo. Para que isso funcione, entretanto, as partículas do plasma têm que estar em movimento. Isso é obtido através de outro campo magnético variável que induz uma corrente elétrica extremamente intensa no plasma (ver Figura 6). O plasma tem resistência elétrica e o próprio movimento dos íons do plasma é responsável pelo seu aquecimento.

Essa é a ideia básica nos Tokamaks – sigla em russo para máquina com câmara toroidal –, concepção que tem sido utilizada pela grande maioria dos projetos de máquinas que tentam obter e confinar o plasma para fins de fusão. Os problemas técnicos encontrados são ainda imensos. As partículas do plasma são extremamente energéticas e os campos magnéticos necessários para confiná-las, gigantescos. Até agora, não se conseguiu confinar o plasma pelo tempo e densidade necessários para que a produção de energia seja viável.

Um sério problema nesta concepção é que o plasma aquecido circulando no toro gera seu próprio campo magnético, o que interfere com o campo externo principal do Tokamak, prejudicando dramaticamente as condições necessárias ao confinamento do plasma.

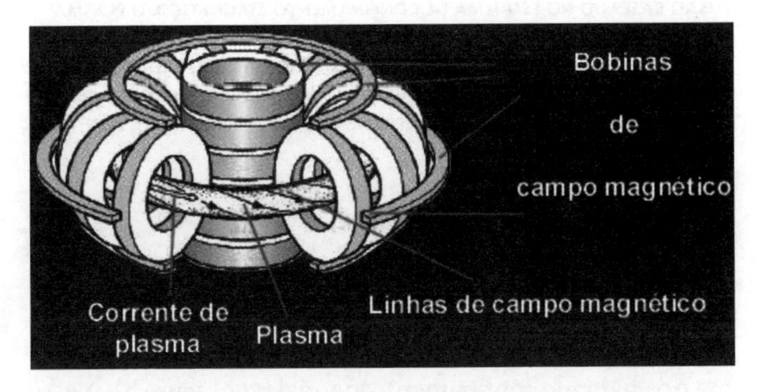

FIGURA 6 – CAMPOS MAGNÉTICOS RESPONSÁVEIS PELO CONFINAMENTO DO PLASMA. O CAMPO MAGNÉTICO PRODUZIDO PELA BOBINA CENTRAL É ESSENCIALMENTE RESPONSÁVEL PELA CORRENTE CIRCULAR DE PLASMA, ENQUANTO AS BOBINAS EM TORNO DA CORRENTE FORÇAM O PLASMA A DESCREVER UMA TRAJETÓRIA HELICOIDAL.

De qualquer modo, um reator de fusão utilizando confinamento magnético deveria ter o esquema geral mostrado na Figura 7: uma região no centro do toro onde o plasma confinado entra em fusão, um invólucro de lítio fundido para reter os nêutrons, gerar trítio e servir de trocador de calor e um conjunto de magnetos para aquecer e manter confinado o plasma.

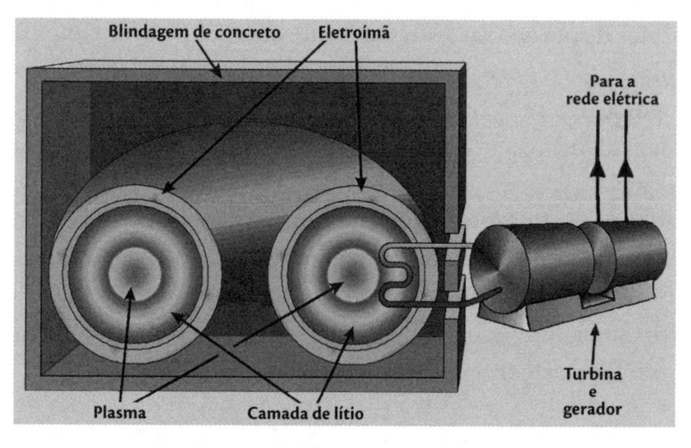

FIGURA 7– REPRESENTAÇÃO ESQUEMÁTICA DO QUE SERIA UM REATOR DE FUSÃO BASEADO NO ESQUEMA DE CONFINAMENTO MAGNÉTICO. O PLASMA AQUECIDO NO CENTRO DO TORO É MANTIDO CONFINADO ATRAVÉS DE CAMPOS MAGNÉTICOS. A REGIÃO ENTRE O GÁS E OS IMÃS GERADORES DOS CAMPOS MAGNÉTICOS É PREENCHIDA COM LÍTIO, QUE TEM A FUNÇÃO DUPLA DE ABSORVER OS NÊUTRONS, GERANDO AO MESMO TEMPO TRÍTIO, E DE FLUIDO REFRIGERANTE.[3]

Uma implosão

Outro método utilizado para obter o confinamento do plasma é o chamado confinamento inercial (ver Figura 5). Nesse caso, uma pequena esfera contendo em seu interior deutério

3 Figura adaptada de MILNER, B. *Nuclear and Particle Physics*. Cambridge: Cambridge University Press, 2001.

e trítio é bombardeada simetricamente por feixes de laser ou núcleos atômicos.

Qualquer que seja o método de bombardeamento, o princípio é o mesmo: o feixe incidente superaquece as paredes externas da cápsula, que pela ação combinada do feixe externo e da ejeção de material causada pelo aquecimento implode, criando condições adequadas para que deutério e trítio no interior da esfera entrem em fusão. O aquecimento das paredes externas da esfera deve ser súbito e intenso, de modo que o material arrancado saia com velocidade muito elevada, dando origem a uma força implosiva concêntrica que comprime o deutério e trítio no interior da esfera. É produzida, de fato, a explosão controlada de uma minibomba termonuclear. A produção de energia ocorreria através de sucessivas implosões dessas pequenas esferas.

As dificuldades técnicas neste processo também são imensas. Os feixes de laser ou de núcleos atômicos devem incidir de modo perfeitamente simétrico e não podem aquecer diferentemente as diversas partes da superfície da pequena esfera: apenas na situação de simetria perfeita a implosão poderia atingir as condições de pressão e temperatura necessárias para que a fusão ocorresse. Além disso, ainda não se tem a tecnologia de feixes de lasers ou de feixes de núcleos atômicos suficientemente desenvolvida para que se possa iluminar a superfície da pequena esfera com a energia necessária para que a implosão ocorra.

Vantagens de um reator de fusão

Qualquer que seja o método empregado para fundir e confinar o plasma, um reator de fusão teria características extremamente convenientes.

Em primeiro lugar, o combustível utilizado é literalmente inesgotável, existindo em quantidade mais do que suficiente para satisfazer as necessidades de uma civilização tecnologicamente desenvolvida e ávida por energia.

Da mesma forma que os reatores de fissão, não apresentam problemas de emissão de CO_2 ou outros gases causadores de *efeito estufa*.

Nem o processo de fusão nem o próprio reator – desde que construído com os materiais adequados – apresentam como subprodutos núcleos radioativos de vida longa. O trítio, elemento radioativo produzido durante a fusão (lítio + nêutron), é, do ponto de vista biológico, potencialmente perigoso, por ser uma forma de hidrogênio. Entretanto, ele tem vida relativamente curta e é reaproveitado como combustível no próprio reator.

O reator seria intrinsecamente seguro. Em caso de mau funcionamento, o processo é interrompido, pois o combustível disponível para o ciclo de funcionamento rapidamente se esgotaria.

Fusão: uma tecnologia para o futuro

Ainda estamos longe do aproveitamento da energia obtida através de fusão nuclear.

O confinamento magnético, o mais avançado até agora, ainda se encontra em fase de laboratório, sendo necessários grandes investimentos – não só de dinheiro, mas também nos problemas básicos da ciência e tecnologia envolvidos – para que se possa pensar em torná-lo exequível como fonte produtora de energia.

O confinamento inercial, que está em fase ainda mais preliminar que o magnético, demanda investimentos ainda maiores.

O critério de Lawson não foi ainda alcançado por nenhum dos métodos de confinamento descritos. Assim, nenhuma das concepções de confinamento atingiu até agora a situação em que a produção de energia supera o que foi gasto para produzir a fusão.

Em qualquer caso, parece claro que o futuro energético da humanidade vai ter de passar pelo aproveitamento da energia de fusão. Para isso, muita ciência e tecnologia de primeira qualidade terão de continuar a ser desenvolvidas.

5 Energia: necessidades, riscos e futuro

Energia e indicadores sociais

O fogo ardendo na caverna do homem primitivo é um marco na evolução da humanidade e um símbolo daquelas transformações marcantes que alteraram definitivamente a face da Terra. Mudou sua vida, protegeu-o dos animais mais agressivos, transformou sua alimentação e potencializou significativamente seu papel como agente modificador do meio ambiente. O controle do fogo pôs o homem no caminho, inicialmente lento, da procura por fontes de energia que substituíssem e ampliassem seu limitado potencial. Do pedaço de pau, como extensão do braço, à mais complexa máquina atual, o Homem veio incorporando a seu dia a dia instrumentos cada vez mais sofisticados que demandam cada vez mais energia.

De certa forma, pode-se observar uma relação entre os diferentes estágios de desenvolvimento do homem e o consumo de energia no período correspondente. O homem primitivo, sem usar o fogo, tinha somente a energia dos alimentos crus (basicamente 2.000 kcal/dia). Usando madeira para obter o fogo, o homem primitivo pôde ampliar suas opções alimentícias, aumentando seu consumo de energia. O homem das culturas antigas mais conhecidas, como no Egito e na Mesopotâmia, já semeava e usava energia animal na prática agrícola. Nos passos seguintes, à força animal foram incorporadas a da água, dos ventos e do carvão. No período industrial, em um grande salto tecnológico, a máquina a vapor contribuiu para um aumento significativo da capacidade de produção de energia. No século XX, principalmente com o advento dos derivados de petróleo, o desenvolvimento tecnológico ampliou de forma rápida a disponibilidade de energia. Finalmente, na última metade do século, apareceram novos métodos de produção de energia. Entre essas novas fontes está a energia extraída das regiões mais internas do átomo.

Ao longo de aproximadamente um milhão de anos, e de forma mais acentuada nos últimos quinhentos anos, o consumo de energia passou de 2.000 para aproximadamente 250.000 kcal/dia,[1] um crescimento da ordem de 12.500%.

Quem usa tanta energia?

Modernamente, foram estabelecidos indicadores que medem as condições de vida em diferentes sociedades. Entre eles o Produto Interno Bruto (PIB), que é o indicador da riqueza de um país, tem sido usado muito frequentemente. Ele aparece nos noticiários indicando se houve crescimento ou possível diminuição geral da riqueza nacional. Mais recentemente, outro indicador tem sido também usado por ser mais abrangente que o PIB. O Índice de Desenvolvimento Humano (IDH) é uma composição ponderada de indicadores sociais como: a) longevidade – que mede a expectativa de vida, b) instrução – que é uma combinação ponderada da alfabetização adulta e anos médios de escolaridade, c) pa-

1 Consumo padrão de um habitante dos Estados Unidos na década de 1970. Dado extraído de GOLDEMBERG, J. *Energia, meio ambiente e desenvolvimento*. São Paulo: Edusp & Cesp, 1998.

drão de vida – que é medido pelo poder de compra, baseado no PIB real *per capita* ajustado para o custo de vida local.

Sabemos que as sociedades modernas demandam grandes quantidades de energia e que novas fontes de energia estão sendo estudadas e projetadas, mas como podemos relacionar condição de vida ao consumo de energia? Quanta energia é necessária para se ter condições de vida reconhecidamente dignas? (ver Figura 1)

FIGURA 1 – MONTAGEM DE FOTOS NOTURNAS DE SATÉLITE, MOSTRANDO O CONSUMO ENERGÉTICO DAS DIVERSAS REGIÕES DO GLOBO. OS PAÍSES MAIS DESENVOLVIDOS APRESENTAM NITIDAMENTE MAIOR CONSUMO. A MAIOR DENSIDADE POPULACIONAL DE CERTAS REGIÕES PODE MASCARAR ESTA CONCLUSÃO – VER, POR EXEMPLO, A ÍNDIA –, MAS NÃO DEVE SER ESQUECIDO QUE NOS PAÍSES DE MAIOR DENSIDADE POPULACIONAL, O CONSUMO *PER CAPITA* É BAIXO.

Vários indicadores sociais, como os mencionados, estão correlacionados com o consumo de energia *per capita*. Dessa forma, um gráfico que mostre o IDH como uma função do consumo de energia comercial *per capita* por ano para alguns países pode dar algumas indicações interessantes. Primeiro, pode nos indicar qual deve ser a energia mínima que caracterize um nível de vida recomendável (de acordo com o IDH), e qual deve ser o aumento de energia para que países em desenvolvimento elevem as condições de vida de sua população menos assistida.

A Figura 2 mostra esquematicamente a relação entre o IDH e o consumo de energia, em Toneladas Equivalentes de Petróleo (TEP), *per capita* por ano para diversos países, em uma escala apropriada. Países que têm consumo de energia acima de um TEP/*capita*/ano têm também os melhores índices sociais, isto é, IDH da ordem de ou acima de 0,8. Os países com baixo consumo de energia também exibem baixo IDH (deve ser observado que há exceções). Como a curva cresce muito rapidamente até um TEP/*capita*/ano, vemos também que mesmo pequenos aumentos de consumo de energia podem melhorar significativamente as condições de vida das sociedades menos atendidas. Assim, pelos padrões do IDH, o valor de um TEP/*capita*/ano parece ser o mínimo necessário para garantir nível de vida aceitável.

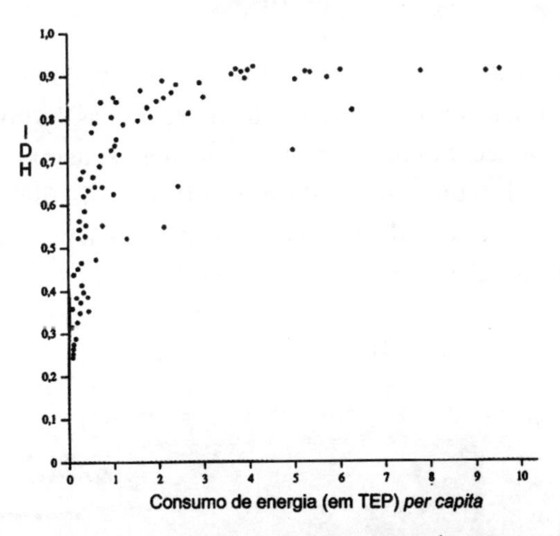

FIGURA 2 – NA FIGURA CADA PONTO REPRESENTA UM PAÍS; SEU CONSUMO DE ENERGIA *PER CAPITA* E O IDH ESTÃO INDICADOS NOS EIXOS HORIZONTAL E VERTICAL, RESPECTIVAMENTE. OS PAÍSES MAIS DESENVOLVIDOS ESTÃO NA FAIXA DE IDH ENTRE 0,8 E 0,9 E ALTO CONSUMO DE ENERGIA *PER CAPITA*. A FIGURA NOS SUGERE QUE UM PEQUENO AUMENTO DE ENERGIA *PER CAPITA*, DESDE QUE USADO EFICIENTEMENTE, PODERIA BASTAR PARA ELEVAR DE MODO SIGNIFICATIVO AS CONDIÇÕES DE VIDA.[2]

2 Figura extraída de GOLDEMBERG, J. *Energia, meio ambiente e desenvolvimento*, ibidem.

Quer olhemos a relação entre o consumo de energia e o IDH, quer o PIB, observamos que há uma relação significativa entre eles. Mas, além das inferências que podem ser feitas por aquela relação, podemos também nos perguntar quais são as fontes de energia de que dispomos na atualidade e em quanto montam suas reservas. Conhecer as possíveis fontes de energia e de quanto dispomos delas nos leva à reflexão sobre como e por qual meio podemos aumentar a qualidade de vida dos países e saber por quanto tempo manteremos essas conquistas com base naqueles recursos. Outro desdobramento imediato desta reflexão é a constatação da necessidade de novas fontes de energia.

Recursos

Quais são as fontes de energia de que nos servimos no presente? Em termos gerais, elas são: hidrelétricas, hidrocarbonetos, carvão, biomassa, reatores nucleares, usinas solares e eólicas. Em uma análise do ano de 1985, a distribuição do consumo mundial de energia mostrava[3] que a participação do petróleo era 35,5%, a do carvão mineral 24,7%, a do gás natural 17,5%, a de fontes hídricas 5,4%, a de reatores nucleares 3,6% e a das demais fontes 13,3%.

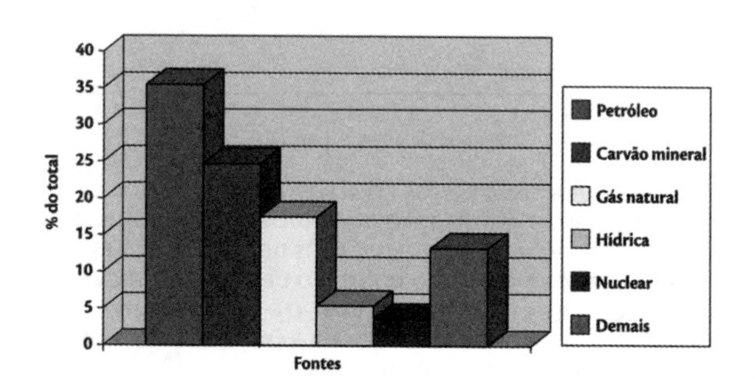

3 Dados extraídos de ISHIGURO, Y. *A energia nuclear para o Brasil*. São Paulo: Makron Books, 2002.

Os combustíveis fósseis constituem 77,7% do total, mostrando forte dependência de fontes de energia não renováveis e de exploração intensa.

No que diz respeito às reservas brasileiras, os dados de 1985, obtidos da mesma fonte dos dados anteriores, mostravam nossas limitações e potencialidades. A maior fonte de energia está nas reservas de carvão e há boas jazidas de minério de urânio. As hidrelétricas entram com mais de 90% do suprimento total de energia elétrica, com possibilidade de expansão. Os recursos energéticos renováveis são abundantes e podem ser ainda mais explorados. Nesse sentido, a cana-de-açúcar e a lenha poderiam ter seu potencial expandido.

Esses montantes e as taxas de consumo de energia, projetadas com a perspectiva de melhora dos indicadores sociais e levando em conta também o crescimento populacional, dão indicação segura de que necessitaremos ter fontes de energia adicionais para fazermos frente a um aumento de demanda.

Em uma primeira análise, sabemos que todas as fontes de energia atuais têm vantagens e desvantagens. Escolher uma delas sempre traz consigo algum problema. Assim, de modo geral, podemos listar:

a) Fontes primárias de energia (madeira, hidrocarbonetos, carvão vegetal e mineral etc.) causam poluição, principalmente por dióxido de carbono, CO_2, um dos causadores do efeito estufa. Ademais, algumas delas (hidrocarbonetos, carvão etc.) não são renováveis.

b) Energia solar demanda grandes áreas, a tecnologia do armazenamento da energia coletada ainda está em desenvolvimento, apresentando a possibilidade de grande impacto ambiental. Ainda é pouco eficiente. Se quiséssemos gerar energia a partir da irradiação solar para o atendimento de todas as nossas necessidades energéticas, precisaríamos cobrir a superfície da Terra com painéis solares cobrindo da ordem de 10% da área cultivada.[4]

c) Hidrelétricas necessitam de grandes represas, o que envolve grandes áreas e é necessariamente restrita pelas limitações naturais. Podem trazer grandes impactos ambientais.
d) Energia eólica também é restrita pelas limitações naturais e sazonais. Pouco eficiente.

Demandas

A perspectiva de aumento de demanda de energia em escala mundial esconde, por outro lado, o fato de que, frequentemente, alguns setores das sociedades usam mal a energia disponível. Gasta-se, por exemplo, muito mais energia na produção de um refrigerante, desde a preparação dos ingredientes básicos, a fabricação do recipiente, o envasamento, o transporte até o ponto de venda, do que as calorias que ele fornece ao consumidor (a inclusão da reciclagem diminui o saldo energético negativo). Além disso, em alguns casos, o custo social da obtenção de energia pode ser muito grande; um caso exemplar é o da barragem de Assuan, no Egito.[5] Sua construção abalou todo o sistema agrícola, por reter o húmus que antes corria pelo rio e fertilizava as terras às suas margens. A prática milenar da agricultura foi alterada e teve que se socorrer de adubos químicos, cuja produção exige mais energia que a produzida pela barragem. Outro efeito da retenção do húmus foi a diminuição dos peixes no rio Nilo abaixo da barragem.

4 RUBIA, C. & CRISCENTI, N. *O dilema nuclear*. São Paulo: Martins Fontes, 1989.
5 Ver referência citada na nota 4.

A esses fatores que impõem limitações ao uso e à produção de energia, deve-se acrescentar a limitação inerente aos processos de conversão de energia. Afinal, na conversão de energia em uma usina termoelétrica, por exemplo, há perdas da ordem de 70% para o meio ambiente por intermédio de aquecimento. Isso não é devido a qualquer dificuldade tecnológica, mas está nas próprias leis físicas que regem os processos de transformação entre diferentes formas de energia.

O desperdício de energia, as limitações inerentes a seu aproveitamento, os projetos mal avaliados, o crescimento populacional e o aumento na demanda energética, como consequência do direito inalienável da busca por melhores condições de existência levam à inequívoca conclusão de que a sociedade deverá necessariamente refletir não só sobre sua própria atual estruturação e sobre como melhorar o aproveitamento das atuais formas de geração de energia, mas sim e também sobre a busca de novas formas e processos de obtenção de energia.

Considerações

No que se refere à melhoria do aproveitamento das fontes atuais de energia algumas considerações são necessárias.

Sem dúvida, deve-se insistir no aperfeiçoamento dos métodos de geração de energia, otimizando a produção, diminuindo perdas e estimulando o consumo criterioso da energia. Por outro lado, o desenvolvimento de inovações nas áreas de energia solar, eólica e fontes alternativas poderá proporcionar autonomia no suprimento em pequena escala, mas, tudo indica, elas não se transformarão individualmente na grande solução global. Nesse sentido, é exemplar a experiência americana, na Califórnia, que, usando 85 mil espelhos para acionar uma turbina que gera energia elétrica, não produz mais que 30 MW. Este montante é suficiente para suprir somente as necessidades de alguns milhares de famílias.[6] É verdade, porém, que as únicas fontes de energia nas estações orbitais e satélites são os painéis solares.

Assim como no caso das energias solar e eólica, as demais fontes também têm vantagens e desvantagens, como já observamos, mas essa é a ordem natural dos fatos. Para obter energia é inescapável interferir no meio ambiente; porém, o importante será ponderar como obter energia para nossas necessidades com o mínimo de alterações perniciosas. Uma solução única, global, para esse problema parece ser de todo inviável, sem que criemos problemas ainda maiores ao meio ambiente, e este fato nos remete de novo à consideração de que malhas de geração de energia, envolvendo as diferentes fontes atualmente conhecidas, devem ser vistas como uma solução, ainda que temporária.

Energia nuclear

No que tange à energia nuclear, ela também deve ser considerada parte possível da malha geradora de eletricidade. Como os reatores nucleares não queimam combustíveis fósseis, eles não emitem diretamente poluentes no ar. Porém, o ciclo de preparação do urânio, desde sua extração até sua conversão em combustível no reator, o que envolve o processo de enriquecimento do isótopo físsil ^{235}U, consome grandes quantidades de energia elétrica. No processo de enriquecimento pode ocorrer emissão de poluentes, dependendo do tipo de fonte de geração da energia elétrica usado. Do ponto de vista ambiental, os reatores nucleares

6 Ver referência citada na nota 4.

podem, portanto, ser vistos como uma fonte aceitável de energia.

Nos últimos tempos, houve mundialmente uma diminuição na taxa de construção de novas usinas nucleares. Este declínio é resultado de considerações envolvendo fatores econômicos, de temores com possíveis efeitos sobre o meio ambiente e da política estabelecida pelos países que atualmente dominam completamente a tecnologia nuclear. A pressão política visa a impedir que os demais países dominem todos os estágios de um ciclo que, em última instância, permite também a construção de bombas nucleares. Vale lembrar que a venda de urânio enriquecido é mais lucrativa do que a de urânio natural. Trata-se, portanto, também de uma política de defesa de mercado.

Do ponto de vista econômico, em alguns países os reatores nucleares são uma opção menos atraente que as usinas movidas a combustível fóssil, o que os torna menos interessantes como fonte de geração de energia elétrica. Porém, em outros, como França e Japão, eles são responsáveis por uma fração significativa da energia total consumida. Em qualquer caso, a desativação de instalações nucleares, embora tecnicamente possível, tem custos muito altos.[7]

No que se refere aos efeitos sobre o meio ambiente, os desastres dos reatores de Three Mile Island, nos Estados Unidos, e o de Tchernobyl, na Ucrânia, despertaram a preocupação com relação à segurança. Além disso, há a preocupação com a manipulação dos rejeitos nucleares. Ela exige o armazenamento de enormes quantidades de material radioativo de meia-vida longa, por grandes períodos de tempo, em locais que devem ser pouco sujeitos a catástrofes geológicas.

7 WALD, M. L. Desmantelando Reatores. *Scientific American Brasil*, n.24, 2004, p.36-45.

Novas tecnologias

Algumas linhas de pesquisa visando melhorar a segurança dos reatores nucleares estão em desenvolvimento no presente. Os exemplos dos infelizes acidentes do passado mostraram como falhas humanas, juntamente com erros de especificações de segurança na construção de grandes reatores de potência, podem levar a situações desastrosas.[8] Características dos vasos de contenção, mecanismos mais adequados de controle e maior segurança dos processos que ocorrem no caroço do reator estão sendo estudados e desenvolvidos, visando, no mínimo, à diminuição de riscos. A principal preocupação é evitar o vazamento do material radioativo para fora da área central do reator em caso de algum acidente.

Em nova perspectiva, há reatores nucleares de tipos diferentes funcionando em caráter experimental em alguns países com a concepção de sistema inerentemente seguro. Neles, como mencionado, o material físsil está bastante blindado por material muito resistente à temperatura, na forma de pequenas pelotas, o que representaria um bom bloqueio à fuga de material radioativo. Não obstante, podem ocorrer acidentes mecânicos não previstos com essas pelotas gerando situações problemáticas, embora com potencial menos destrutivo que nos acidentes anteriores.

Além dessa linha de desenvolvimento, uma proposta inovadora envolvendo aceleradores de partículas está em plena discussão. De fato, reatores que funcionem de forma subcrítica, evitando dessa forma o superaquecimento do caroço, podem representar um avanço. Como o controle das reações em cadeia é feito pelo funcionamento do acelerador, o caroço não corre o risco de se tornar supercrítico, superaquecer

8 Ver referência citada na nota 4.

e provocar um acidente. Mas, como em qualquer projeto, não há garantia *a priori* de que seja impossível o vazamento de material radioativo para o meio ambiente.

A característica interessante desse projeto é que ele permite também, com o uso do acelerador, transformar os isótopos de meia-vida longa em outros mais estáveis. Isso tem sido apregoado como uma saída possível para o problema do tratamento dos rejeitos radioativos produzidos no reator, já que seria possível então estocá-los com blindagens menos sofisticadas e por tempos menores que os estimados para os resíduos atuais.

Perspectivas

Na vertente que enfoca a energia nuclear obtida pela fusão de elementos leves, há grandes expectativas e esperanças, embora sejam conhecidas as sérias dificuldades técnicas envolvidas.

A possibilidade de obtenção abundante de isótopos leves do hidrogênio a partir da água do mar, a grande energia produzida por reação de fusão e a ausência de poluição direta nos processos tornam essa opção atraente e merecedora de investimentos.

O estabelecimento das altas temperaturas do plasma, as dificuldades inerentes ao confinamento de tal sistema, as soluções tecnológicas que deverão ser desenvolvidas para o aproveitamento dessa literalmente inesgotável fonte de energia são desafios a ser enfrentados e sobrepujados, se a humanidade quiser ter à disposição a energia necessária para transitar de seu atual estágio de desenvolvimento para outro em que a oferta de energia seja abundante e, espera-se, mais equitativamente distribuída.

Futuro

Por fim, a necessidade da busca de alternativas energéticas deverá ser amplamente contemplada nas reflexões da sociedade. O desenvolvimento de reais alternativas é árduo e exige persistência em um trabalho longo e paciente que demanda grandes investimentos em dinheiro e o envolvimento de pessoal com capacitação especializada. A premência por energia, que no passado já mostrou seus efeitos induzindo o aparecimento de novas tecnologias – o programa brasileiro do álcool combustível é um bom exemplo –, poderá ainda uma vez alertar para a necessidade de atenção especial nessa área. Em qualquer caso, é essencial a manutenção do investimento em ciência e tecnologia em valores adequados, de modo que garanta que estejam disponíveis soluções para o problema energético, quando as fontes não renováveis se esgotarem.

6 Epílogo

Aqui... Lá... Em todo lugar

O início do século XX testemunhou um avanço muito importante da Física. Passaram-se quarenta anos entre a confirmação da hipótese atômica da matéria e a descoberta dos processos de transformações nucleares induzidas por nêutrons. A conquista do conhecimento ocorreu em meio à jornada empreendida para entender o interior da matéria, quando então a Física penetrou no mundo dos fenômenos dos núcleos atômicos. Ou seja, o mundo do muito menor que o átomo, aquela região atômica onde a Natureza acumulou enorme quantidade de energia.

Como a outra face de uma moeda, a mesma jornada que permitiu entender qual é o tamanho e a forma dos núcleos, de que são feitos e de que maneira eles procuram a estabilidade energética permitiu também o refinamento das ideias que nortearam a resposta para a questão: de que são feitas as estrelas e qual sua fonte de energia?

Nessa visão integrada, entendemos que os diferentes tipos de estrelas produzem os elementos químicos da Natureza, desde os leves, exceto o hidrogênio, até os mais pesados. Através de reações nucleares que ocorrem em seu interior, produziram e povoaram o Universo com a matéria-prima da qual somos feitos. Enquanto o leitor estiver lendo este parágrafo, elementos químicos estarão sendo formados, em uma taxa assombrosa, no interior das estrelas. Elementos leves, intermediários, pesados, todos são formados por reações nucleares. Nesses processos, monumentais quantidades de energia são irradiadas. Nós somos beneficiados por uma pequeníssima parte dela.

Operando ininterruptamente, as estrelas geram tanto os elementos estáveis quanto os que se desintegram tão logo são formados. Os mais pesados, devido às características das interações nucleares, são instáveis com meia-vida de bilhões de anos. Por isso, já existiram em quantidades significativas no nosso planeta. Os elementos mais pesados que o urânio já se extinguiram e aqui só podem ser produzidos artificialmente.

Já nos primórdios da Terra, há cerca de quatro e meio bilhões de anos, o urânio era encontrado principalmente na forma dos isótopos ^{238}U e ^{235}U. O urânio que encontramos atualmente nos veios de minério também foi formado em estrelas que, no fim de sua vida, ejetaram de forma explosiva, Universo afora, a matéria de que eram feitas.

A extração da energia armazenada nos núcleos atômicos tornou-se possível quando os processos envolvidos foram devidamente entendidos. As técnicas desenvolvidas para tal fim basearam-se primordialmente na repetição, agora de forma controlada pelo homem, dos processos que a Natureza já pratica desde seus primórdios.

No que se refere às reações de fissão, inicialmente descobriu-se que há núcleos que são naturalmente instáveis. A instabilidade desses núcleos não depende da intervenção humana; eles simplesmente são assim. Se os deixamos sem interferência em uma amostra, eles decaem espontaneamente, transformando-se em outros elementos através da emissão de radiação. O passo decisivo para o aparecimento da tecnologia nuclear foi dado quando se verificou que também é possível *induzir* a quebra de núcleos instáveis pesados, em uma cadeia de eventos de forma controlada, com o uso de nêutrons.

A outra face da compreensão dos processos nucleares nos leva a tentar repetir as condições reinantes no interior das estrelas para conseguir a fusão de elementos leves. Isso pode ser obtido com equipamentos especiais capazes de confinar partículas eletricamente carregadas, em condições de altíssima temperatura. Dessa forma, embora as reações nucleares utilizadas na Terra não sejam exatamente aquelas que ocorrem no interior das estrelas, nosso pequeno sol poderá ainda acender de forma controlada algum dia.

Diferentemente das experiências com máquinas que visam à produção de energia de forma controlada, outras mostrando a viabilidade de reações de fusão, com caráter explosivo, aconteceram no campo das armas termonucleares. Os únicos sóis artificiais que brilharam até agora, produzidos pelo homem, foram poderosas bombas de enorme poder destrutivo.

Dr. Jekill e Mr. Hyde

O século XX foi pródigo em quebras de paradigma e a Física não foi a única a sofrer o impacto da necessidade de reconstrução de ideias. A visão do papel da Ciência na sociedade também foi modificada principalmente por causa do uso da energia nuclear como elemento essencial na construção de bombas durante a Segunda Guerra Mundial e a Guerra Fria.

A participação ativa da comunidade de cientistas, tanto alemã como aliada, na construção de bombas no período da guerra levou à perspectiva de que projetos posteriores envolvendo energia nuclear estariam sempre necessariamente ligados à construção de artefatos de destruição. Gerou o temor e a crença de que a radioatividade e a fissão são intrinsecamente indesejáveis. Desde então, o desenvolvimento de aparatos bélicos cada vez mais destruidores parece ter reforçado esse ponto de vista.

Não é levado em conta, entretanto, que muitas vidas foram salvas por meio de tratamentos, diagnósticos ou técnicas de visualização de detalhes específicos do corpo humano que usam diretamente materiais radioativos e técnicas correlatas. Muitos desses elementos radioativos são produzidos em reatores nucleares com a finalidade específica de atender hospitais e centros de diagnóstico e tratamento.

Reatores de potência podem gerar energia elétrica para consumo doméstico, instalações industriais e hospitais, mas também geram plutônio, que pode ser usado na construção de bombas. Eles podem produzir isótopos radioativos de extenso uso em medicina, mas também geram rejeitos radioativos de meia-vida longa, de difícil manejo.

Reações de fusão poderão gerar energia elétrica para consumo doméstico, mas, usadas em artefatos explosivos, podem servir para destruição em massa.

Um fósforo acesso pode acender uma vela, mas também pode...

Yin e Yang

A decisão sobre a instalação e o uso de qualquer fonte de energia repousa, em última instância, nas mãos de cada cidadão. Para que avaliações soberanas e equilibradas sejam tomadas, é fundamental que haja disponibilidade de conhecimento e informação confiáveis sobre os princípios que regem os mecanismos de produção, os riscos inerentes, transporte e processos de transformação da energia produzida. Não será com a ignorância que tomaremos as melhores decisões, nem evitaremos acidentes catastróficos em instalações tecnologicamente sofisticadas. Qualquer que seja a fonte de energia, é preciso conhecer seus prós e contras. Não deverá ser diferente com a energia nuclear.

Na forma atual, a energia nuclear não se apresenta como sua versão definitiva e acabada. Seu desenvolvimento deverá ainda sofrer correções de percurso, mas ela tem papel importante na concepção geral de geração de energia no futuro. Como opção promissora, de forma lenta, mas segura, está se caminhando para o domínio técnico das reações de fusão nuclear controladas.

Há muito ainda o que percorrer.

Glossário

Comprimento de onda: uma pedra lançada sobre a superfície de um lago de águas plácidas produz uma série de ondulações que se afastam do ponto de impacto, caracterizadas por uma sucessão de máximos e mínimos. A distância entre dois máximos sucessivos é o comprimento de onda. O número de vezes por segundo que um dado ponto no caminho dessas ondulações passa por um máximo é denominado frequência da onda. O produto do comprimento de onda pela frequência é a velocidade da onda

Constante de Boltzmann: associamos uma energia cinética média a um corpo em movimento, por exemplo a uma molécula de um dado gás a uma dada temperatura. A relação dessa energia com a temperatura absoluta do meio onde está esse corpo é estabelecida pela constante de Boltzmann. Seu valor é $k = 1,38\times10^{-23}$ joule/kelvin. A temperatura absoluta do meio é medida em kelvin.

Constante de Planck: é a constante de proporcionalidade entre a energia e a frequência de uma radiação eletromagnética, $E = h\nu$. A constante de Planck vale $h = 6,63 \times 10^{-34}$ joule×segundo.

Decaimento: mudança de um nuclídeo através da emissão espontânea de radiação como alfa, beta, gama ou captura de um elétron. A mudança também pode ocorrer por fissão espontânea ou induzida. O produto final é um núcleo menos energético, mais estável. Cada processo de decaimento tem uma meia-vida definida.

Espectrômetro de massa: equipamento que opera com campos elétricos e magnéticos muito intensos. Permite separar trajetórias de partículas eletricamente carregadas em função da relação carga/massa diferentes. Fazendo passar por ele um feixe de núcleos, ele o separa pelo valor da relação carga/massa, permitindo identificar as diferentes famílias de elementos, e seus isótopos, que compõem o feixe. O registro dos resultados é feito por meios eletrônicos. Há outros equipamentos destinados à determinação de massas atômicas chamados espectrógrafos de massa, que registram os resultados em placas fotográficas.

Fluorescência: propriedade que algumas substâncias têm de reemitir a radiação eletromagnética à qual foram expostas. A radiação emitida pode ser luz visível ou ter outros comprimentos de onda, sendo característica da substância fluorescente.

Fóton: um pacote de energia eletromagnética. Fótons têm energia e momento, mas não têm carga elétrica ou massa de repouso. Sua energia é relacionada com sua frequência pela constante de Planck. Por exemplo, fótons de luz vermelha carregam menos energia que os de luz ultravioleta.

Fractal: um objeto fractal é um objeto de contornos irregulares, cujas irregularidades se reproduzem em qualquer escala de tamanho. Observadas a olho nu, com lente de aumento ou com microscópio, as irregularidades se apresentam sempre da mesma maneira.

Ionização: processo de arrancar elétrons dos átomos. As radiações alfa, beta e gama são ionizantes, ou seja, elas arrancam elétrons dos átomos à medida que atravessam a matéria. Nesse processo, elas perdem parte de sua energia. A radiação alfa é a mais ionizante das três.

Massa molecular/atômica: é a massa da molécula/átomo com referência à massa atômica do carbono, convencionalmente fixada como tendo o valor 12. (É uma quantidade não expressa em gramas.)

Molécula-grama: também chamada mol, é a massa, em gramas, da massa molecular daquela substância. Por exemplo, a massa molecular do hidrogênio é igual a 2, e a molécula-grama dele será igual a 2 gramas daquele gás. O mesmo vale para átomo-grama. Uma molécula-grama tem um número de Avogadro de constituintes.

Movimento browniano: movimento aleatório de partículas microscópicas em suspensão em um meio, causado por suas colisões com as moléculas do meio. Foi observado pela primeira vez pelo botânico inglês Robert Brown ao investigar grãos de pólen em suspensão na água.

Neutrino: do italiano, pequeno neutro. Partícula sem carga elétrica e de massa diminuta, cerca de cem mil vezes menor que a massa do elétron ($m_v c^2 \leq 3$ eV). Neutrinos interagem muito fracamente com a matéria: eles podem atravessar muitos trilhões de quilômetros de chumbo sem serem desviados. Sua antipartícula é o antineutrino.

Nuclídeo: qualquer espécie de núcleo que exista por um período de tempo mensurável. Distingue-se um nuclídeo por sua massa atômica, número atômico e estado de energia.

Número de Avogadro: o número de moléculas por mol é o número de Avogadro. Ele é independente da substância e vale $6{,}025 \times 10^{23}$ moléculas/mol.

Pósitron: partícula com todas as propriedades iguais às do elétron, com a diferença que tem carga elétrica positiva. Elétron e pósitron formam um par matéria-antimatéria, sendo o pósitron chamado de antipartícula do elétron. Partícula e antipartícula ao colidirem aniquilam-se mutuamente dando origem a energia na forma de raios γ.

Radionuclídeo: nuclídeo que é radioativo, isto é, que emite algum tipo de radiação.

Raio X: radiação eletromagnética com comprimentos de onda entre o ultravioleta e os raios gama. Os fótons dos raios X têm mais energia que os da luz visível e menos que os dos raios γ.

Transmutação: a transformação de um elemento químico em outro através de uma reação nuclear.

Sugestões de leitura

GAMOW, G. Coleção *Matéria, Terra e Cosmos*. Rio de Janeiro: Civilização Brasileira, 1964.

Nesta coleção de 3 volumes, Gamow faz um apanhado muito interessante da Física. Embora não seja uma coleção muito atual, seu conteúdo básico contempla vastos aspectos desta ciência, apresentados com a visão pessoal de Gamow, um excelente divulgador científico. Os capítulos 4, 6, 7, 8 a 14, e 19 e 20 são aqueles de interesse mais próximo ao tema deste livro.

GAMOW, G. *O incrível mundo da Física moderna*. São Paulo: IBRASA, 1980.

Um apanhado motivador de temas da Física desenvolvida no século XX. Abrange temas que vão desde a física atômica até partículas elementares, passando pela relatividade. Escrito de maneira informal, sem perder o rigor científico em suas afirmações, este livro serve como um bom texto de introdução geral à Física moderna.

GAMOW, G. *Nascimento e morte do Sol*. Porto Alegre: Globo, 1961.

Embora este livro não seja atual, seu grande mérito é apresentar como se entendeu a constituição e a evolução do Sol, sob a perspectiva de um dos pioneiros da área, o que leva o leitor a constatar o amplo caráter multidisciplinar do tema.

OKUNO, E. *Radiação*: efeitos, riscos e benefícios. São Paulo: Harbra, 1998.

Neste livro sobre radiação em geral, o leitor poderá encontrar informações importantes sobre os efeitos dos diferentes tipos de radiação, bem como sobre suas aplicações, o que é, em geral, muito pouco difundido. De caráter bastante prático, este livro pode ser valioso para se entender e servir de orientação em questões básicas nesta área.

VÁRIOS autores. *A energia atômica e o futuro do Homem*. São Paulo: Companhia Editora Nacional/EDUSP, 1968.

Um grande espectro de aplicações da energia nuclear é apresentado neste livro. Vários autores discutem desde questões básicas sobre reatores até aplicações práticas na agricultura. Este é um texto que permite que se veja, pelo menos em parte, aplicações da energia nuclear em diferentes áreas.

GOLDEMBERG, J. *Energia, meio ambiente e desenvolvimento*. São Paulo: EDUSP/CESP, 2002.

Embora este livro crítico não seja dedicado diretamente ao tema da energia nuclear, seu interesse reside na discussão mais ampla sobre fontes de energia e o impacto social de suas implantações. Adicionalmente, também discute o efeito do aumento da instalação de novas fontes e formas de produção de energia e de seu consumo no meio ambiente.

RUBIA, C. e CRISCENTI, N. *O dilema nuclear*. São Paulo: Martins Fontes, 1989.

Com a mesma perspectiva da sugestão anterior, este livro aborda de maneira crítica os efeitos da opção nuclear de produção de energia. De forma equilibrada, os autores apresentam os prós e os contras da proposta de produção de energia pelas centrais nucleares.

ISHIGURO, Y. *A energia nuclear para o Brasil*. São Paulo: Makron Books, 2002.

Este livro apresenta a visão de um especialista na área de reatores nucleares no que concerne à necessidade de produção de energia no Brasil e, em particular, como a energia nuclear se insere nesta grande matriz.

Revistas

Scientific American Brasil, 2004, número 24, p.36-45.

Desmantelando reatores, M. L. Wald

Neste artigo, o autor aborda as dificuldades, de todos os tipos, envolvidas no desmonte de usinas nucleares.

Ciência Hoje, 1982, v.11, n.63, p.22-30.

Forças nucleares, M. R. Robilotta e H. T. Coelho

De caráter um pouco mais especializado, sem, no entanto, ser demasiado formal, este artigo mostra como os constituintes do núcleo atômico interagem e como, em última instância, entendem-se as propriedades básicas dos núcleos.

Questões para reflexão e debate

1. A mecânica quântica tem, intrinsecamente embutido, o conceito de incerteza. Como isso se coaduna com ideias deterministas?

2. É possível eliminar a radioatividade de nosso cotidiano?

3. O dêuteron tem massa menor do que a soma das massas dos seus constituintes. Por outro lado, ao transpirarmos e, portanto, liberarmos água sob a forma de suor, diminuímos nossa massa. Comente esta aparente contradição.

4. Estrelas nascem, vivem e morrem. Discuta qualitativamente as condições que levam ao surgimento de uma estrela. Durante a vida estelar, quais processos relevantes ocorrem? Após consumir seu combustível, o destino final da estrela depende da sua massa. Investigue como se processa o desenrolar dessa história. (Esta questão demandará, seguramente, tempo e muita pesquisa adicional; um bom ponto de partida é o livro de J. E. Horvath, *O ABCD da Astronomia e Astrofísica*. São Paulo: Editora Livraria da Física, 2008)

5. Relacione e compare as quatro interações fundamentais da Natureza. Qual delas é irrelevante no domínio nuclear?

6. O Brasil tem condições tecnológicas para desenvolver reatores de fissão? E reatores de fusão?

7. O Brasil tem reservas de urânio. Ele deve desenvolver tecnologia para purificação de urânio?

8. Tendo desenvolvido a tecnologia de enriquecimento de urânio, há o risco de que um país obtenha bombas de fissão. É isto uma inevitabilidade? Que mecanismos de controle existem ou deveriam ainda ser implementados para evitar isso?

9. O Brasil tem grandes reservas de tório. O país deveria desenvolver reatores a tório?

10. A sociedade tecnológica moderna se caracteriza pelo elevado consumo energético. Que procedimentos poderiam ser implementados para racionalizar o uso de energia? Que alternativas poderiam ser pensadas em um horizonte de energia escassa?

SOBRE O LIVRO

Formato: 12 x 21 cm
Mancha: 21,3 x 39 paicas
Tipologia: Fairfield LH Light 10,7/13,9
Papel: Offset 75 g/m² (miolo)
Cartão Supremo 250 g/m² (capa)

1ª edição: 2010

EQUIPE DE REALIZAÇÃO

Capa
Isabel Carballo

Edição de Texto
Regina Machado (Preparação de Texto)
Beatriz Simões Araújo e Lucas Puntel Carrasco (Revisão)

Editoração Eletrônica
Eduardo Seiji Seki (Diagramação)

Rua Xavier Curado, 388 • Ipiranga - SP • 04210 100
Tel.: (11) 2063 7000 • Fax: (11) 2061 8709
rettec@rettec.com.br • www.rettec.com.br